除了野蛮国家，整个世界都被书统治着。

司母戊工作室
诚挚出品

建立边界感

边界感

〔瑞士〕尼克·布莱泽 (Nick Blaser)——著

宋娥——译

Grenzen Stellen Met Compassie

人民东方出版传媒

东方出版社

如果你是一个敏感的人，情绪总是受到他人的影响；如果你难以拒绝别人的请求，承担了很多本不属于自己的工作，让自己疲惫不堪；如果你希望通过更健康的方式维护亲密关系，而不是一味退让、委曲求全……那么我推荐你阅读这本《建立边界感》。它将用生动的知识讲解和温暖的冥想练习，带领你找到保护"内心秘密花园"的智慧和勇气，学会建立互相尊重、舒适健康的人际关系。

王偲偲

中科院心理所博士、暂停实验室正念研究员

第一次读到《建立边界感》的荷兰语版本时，就被里面的主题和内容深深吸引，感到书中提出的"自我边界"一词，非常适合中国读者。得知这本书的中文版即将出版，甚是欣喜。在生活和工作中，我看到许多人的内心痛苦都源自亲子、夫妻或朋友、同事之间的边界不清。如何既守住自己的边界，又与他人保持良好的关系，是一个非常抽象的难题。尼克·布莱泽将我们的内心世界比喻成"花园"，把内心与外界的边界比作"篱笆"。每座花园的篱笆样式、高矮、厚薄，均由我们自己来设计与调节。书中的各种音频和日记练习，用形象易懂的方式教会我们：自己心灵花园的篱笆在什么地方、是什么模样，如何遵循心意、以令自己感觉舒适的方式来进行搭建调整，从而帮助我们在守护温暖美好的内心花园的同时，也能尊重他人的花园边界，减少心灵的苦痛与烦恼，与外界和谐共处。

沈金凤

荷兰儿童青少年与家庭心理咨询师

每一天，我们都需要感知和控制心理边界，这样才能在生活中畅游而不失本色。自我边界意识在核心价值观、平衡感和幸福感方面也发挥着作用。尼克·布莱泽从多年的专业知识出发，发展出了一门结构清晰的实用课程。在《建立边界感》中，共情和正念在设定健康的自我边界时得到了实际的应用。

罗勃·布兰兹玛（Rob Brandsma）
正念中心主任、正念练习书《教练的技能》作者

我现在更善于明确自己的边界了，学会了在做决定之前先感受自己想要的东西。我现在敢于变得更脆弱，也因此更加勇敢。这是一次走向自由和灵活的心灵之旅。

自我边界意识训练参与者

我现在正在学习建立边界。在说"是"之前，我会有意识地思考，如果自己并不想要，我会更快地说"不"。我变得更有灵活性，其他人对我的边界也更加尊重了。

自我边界意识训练参与者

花园的比喻很有说服力，而且很容易操作：对于任何想对自己有更多了解的人来说，边界训练都是必不可少的。

自我边界意识训练参与者

很多作者的习惯是，先写完整本书，再写序言。而我在写作之初就整合了序言的初稿，因为我觉得有必要先跟读者聊聊关于我本人和自我边界设定的事。

从我第一次尝试突破自我意识边界，到创作出这本书，10 年的时间悄然而过。10 年来，我对这一课题的迷恋从未减退，反而越来越深信其背后隐藏着非常值得研究的重要信息。我常常好奇这种痴迷和热情来自何处。到目前为止，我还没能找到令人满意的答案。

我首先想到的是两张黑白照片。第一张照片快有 100 年的历史了，镜头里是我的祖父，他穿着军装，站在第一次世界大战时期的瑞士 – 德国边境（现为瑞士 – 法国边境），密切关注着边境另一侧的战事情况。第二张照片拍摄于大约 35 年后，镜头里是我的父亲，他穿着款式更为时髦的军装，在靠近瑞士－德国边境的沙夫豪森附近，跟随连队一起监视敌情。如果自己的祖国遭到非法越界，两个人都随时准备付出生命。当然，我只能推测，这些照片给我留下了深深的印记，或许我把瑞士的家安在德法边界附近，正是受了它们的影响，或许这就是为什么边界自然而然地成了我日常生活中的一部分。

童年时代的我像大多数人一样，有很多越界的经验。这些经验到底在多大程度上影响了现在的我，很难进行回顾性评估。另外，还有一些我无意、偶尔也是有意侵犯同学和邻居小孩边界的情景会浮现在眼前，令我内疚，但这些事件或许对于我的总体动机并不起决定性作用。

我对越界问题的热情可能出现得更晚一些，也许是作为系统排列疗法代表和课题负责人的经验发挥了更重要的作用。在这段时间里，我能感受到过去的越界行为对当下仍然产生着影响，我开始面对新的状况，比如我的内疚感、恐惧感似乎也会在代际间遗传，这是我在进行心理医生和心理治疗师培训时未曾经历过的。我想知道，如果感受可以由一个人传递给另一个人，是否存在一个心理空间来容纳这些情绪的来源和去向，于是头脑中便有了关于这种传递现象的一个空间模型。在之后的数百次治疗过程中，我专注、精确地观察这个传递的动态过程，并在随后出版的《我就是我，而你不同》（*Zo ben ik… en jij bent anders*）一书中第一次谨慎地提出了这种空间概念。一段时间后，我才敢于进入科研领域，并与研究正念的意识研究者擦出火花。

情绪感染、同情、共情不再是科研中神秘的边缘课题，而逐渐被严肃科学界觉察和重视。令我惊讶的是，原来自我边界并不是唯一值得研究的对象，我在这里开辟了一片新天地。谨以此书将我在新天地中的所学、所思、所为呈现给读者。

目录

序   I

引言   001

课前准备   015

课程设置   021

第 1 周
进入内心的秘密花园 _028

我想把内心世界比作一个花园。它并非不受约束、肆意生长的原始丛林，而是一个可以安放感受和经验的内心空间。篱笆象征着自我心理边界，而园门代表着通往外界的大门，是自我边界过滤功能的象征。

第 2 周

审视你的边界 _050

除了轮子、犁和笔以外，墙是人类最重要的一项发明。墙制造了距离，并且保护人们不受侵犯。自我边界意识能够让我们对内心花园的篱笆进行自主设计。我们也可以让身边的人按照我们的意愿感知到花园的篱笆。

第 3 周

他人请止步 _070

在第 3 周的练习中，你将专注于如何拒绝他人。通过练习正念、体知与冥想，你将更轻松地与他人划清边界。不必为关闭自己的大门而辩解。拒绝的力量可以帮助你重返正途，沿着人生轨迹继续前行。

第 4 周

发现内心的美好 _092

人类更倾向于有意识地去了解不愉快的情感和身体感觉，也更倾向于将注意力集中到这些不愉快的感觉上。在内心世界里与美好事物建立联系，可以给予我们减轻身体痛苦的力量，也能让我们感受到一种在家的舒适感。

第 5 周

传播美好 _112

我们也可以从内心世界里拿走一点东西，比如一种令人感到愉快的情感、一次美好的经历，将它们带到外部世界，分享给他人。这意味着，我们可以通过自己的愉快情感和美好经历让身边人和朋友感到喜悦。

第 6 周

进入读心模式 _130

本周练习的重点是"读心"。在练习"读心"时,你需要将自己的注意力集中在你与对方内心世界之间的空间里。越快进入"读心模式",就越能体会到认清自己心理状态时所产生的喜悦。

第 7 周

向心与离心 _152

我们有时会和自己在一起,沉浸在内心世界;有时则需要把注意力投向内心世界之外,这对于理性思维、逻辑思维、分析、规划和反思等能力非常重要。注意力的位置没有好坏之分,重要的是保持灵活性,在任何时刻都能自由移动。

第 8 周
拜访他人的花园 _176

在探访身边人的内心世界时，我们就是客人。要想成为一位好客人，必须学会在别人的内心世界里小心翼翼，不要抱有任何要求，不要批判性地表达自己的观点，也不要未经主人同意就擅自移动。

参考文献   201

附录 1 影响你与内心世界之间距离的行为   209

附录 2 边界保护量表（BPS-14）   211

致谢   215

译后记   217

如果我问你："你为什么读这本书？"你会不会觉得我越界了呢？如果我换个问法："亲爱的读者，我能问你个问题吗？"你回答："是的，当然，你问吧。"我再问："你为什么读这本书？"这两种问法，你感觉有什么不同吗？如果有，差异在哪里？或者，想象你自己坐在树林边的长凳上，一个遛狗的男人走过，他停下脚步，坐到你的身边，问："你为什么读这本书？"这是否又有所不同？

即使问题的内容相同，这三种情境也是存在着根本性差异的。记录这些差异的，是我们的身体而非思想。关于为何阅读这本书，读者的答案可能千差万别。有人会说："我对边界问题很感兴趣，因为我缺乏自我边界的意识，所以无法理解上面所说的差异。"另一个人回答说："我的身体反应敏感，越界这种事我几乎每天都在经历，而且为此感到痛苦，希望改变这种状况。"第三个人对于自我边界完全没有概念，也不知道自己是否拥有自我边界，他说："我觉得自己缺乏某些重要的东西。"第四个和第五个人的答案可能又完全不同。这么多不同的人，注定拥有着不同的自我边界。许多人的自我边界曾经被破坏，后来又部分地恢复和重建起来；有些人在童年时期没能在内心世界建立起良好的、保护性的自我边界。但幸运的是，也有许多人的自我边界运作良好，能够保护和接纳自我——我希望你在训练结束时也能成为其中的一员。

现在，请停下手中的事情，尝试对自己发问：我为什么要买一本关于强化自我边界的书来看？拿出一张纸，自由地写下你的想法，然后仔细读一读你写下的内容，看看能否将之凝练为某种愿望或诉求，或者引出更多的问题。在整个训练过程中，你可以随时反复地检视这些诉求和问题。

但是，请尝试对以下事实持开放态度：在接下来的 8 周，你的自我边界可能会发生变化，也许会继续增长，但也可能会完全消解，突然间不复存在。你可能会发现，找到自己进行这次训练的原因并不容易。你可能只是被这个话题吸引，或者当你看到这个书名的时候，内心的声音在说："我现在就想一睹为快。"

对许多人来说，寻找动机的最大难点在于，大多数人都几乎没有自我意识。在与他人相处时，我们很少意识到自我边界和他人边界之间正在发生某种交互。或许我们会感到不舒服，但并不知道这种感觉可能与当下的边界交互有关。无意识的边界交互可能会促进某种人际关系模式的形成，甚至发展为根深蒂固的破坏性行为模式，为各种不幸事件埋下伏笔。

学习一门新的语言

边界意识的缺失也可能与语言等其他因素相关。我们没有用来描述自己和他人之间边界的语言。尽管有些表达方式确实有一些用处，例如"你的行为越界了"或"他总是逼得太紧"，但是，它们不足以精确地描述自我边界。我们缺乏对自我边界的精确描述。这种匮乏不仅体现在语言上，也体现在表象上。令人惊讶的是，我们竟无法回答下面的问题：你的自我边界是高是低？是厚是薄？是新是旧？是开放式的还是排斥性的？是绿色的还是

棕色的？跟母亲的边界颜色相同，还是更像父亲？你目前的自我
边界是何时形成的？它看起来是否和以前有所不同？如果是，
这种变化是如何产生的？你周围的人是否比你更容易感知到它？
在工作和家庭两种环境下，你的心理边界是有所区别还是别无二
致？换句话说，你和伴侣在一起时，同你在上司面前做评估性面
试时，自我边界会有所不同吗？如果是，这种切换是被动地立刻
发生，还是你可以主动控制它？

　　如果具备自我边界的意识，就一定可以毫不迟疑地回答上述
大部分问题。在完成这8周的训练之后，你可以把上述问题再过
一遍。你会发现，精确地回答上述问题将不再是难事。

　　让我们先来看几个案例。案例中的人都对建立一个运作良
好、有益身心的自我边界渴望已久。文中姓名均为化名。

安娜

　　安娜，34岁，女性，与男友刚分手不久。她的前男友
叫曼弗雷德，比她大一岁，已经失业两年多。
　　作为受过专业训练的厨师，曼弗雷德原本能找到一份

好工作，然而他只喜欢宅在家里吸大麻，通常上午就开始吸。除此之外，曼弗雷德只是偶尔帮帮厨，做点小时工。

安娜 80% 的时间在一家眼镜店上班，两人的财务安全全靠安娜一人维持，度假和用车的开销由她支付，工作之外她甚至还要承担全部家务。

曼弗雷德一边抱怨失业救济部门办事不力，一边堂而皇之地用安娜的钱在 eBay 上消费，买的通常是完全用不上的东西。到了晚上，曼弗雷德常常沉浸在吸完大麻的"微醺"里，躺在电视机前，享受安娜忙前忙后的"伺候"。

你也许会问，描述这对年轻恋人的生活状态，跟自我边界有什么关系呢？关系大了！如果伴侣中的一方已经成为另一方的负担，就存在"越界"。曼弗雷德无疑在多个层面上已经"越界"了。他的失业、吸毒都给安娜造成了压力，甚至还想要将自己的问题和障碍全部甩给女友——总之，他僭越了安娜的自我边界，还夺走了她的金钱和精力。一个人只有僭越了他人的自我边界，才能从那人身上抢走不属于自己的东西。安娜最终来接受治疗的原因是：她前不久交了一个新男友，才相处几周，就发现对方有酗酒问题。她还说，自己的父亲也有严重的酗酒问题，母亲总是向她抱

怨此事，甚至跟她讲过父亲的勃起功能障碍。很有可能，安娜自童
年时代起就从来没能发展出健康的个人心理边界，因为她的母亲几
乎每天都会"越界"，而父亲的发怒也属于越界行为，即便那些言
语攻击并非直接指向她本人。不加控制的怒气所释放出来的负能量
在安娜柔软的内心世界投下了阴影，作为孩子的她，根本无法进行
抵御，无法保护自己。

　　难怪安娜总是与那些察觉到她的自我边界易被侵蚀的男人交
往。人类有一个感知器官，借助它，我们可以在大多数情况下不
知不觉地感知到对方的自我边界。安娜的前男友和现男友很快就
察觉到，他们可以将自己的包袱和负担统统甩给安娜，同时取走
她那用之不竭的能量。后来，通过重新设定自我边界、恢复其正
常功能，安娜学会了突破并改变这种关系模式。

　　这是一个反复无礼越界的典型案例。它的越界性是如此显而
易见，安娜却花了 30 年才明白，这是针对自己的越界之举。一
位女性朋友帮助安娜迈过了这道坎——她告诉安娜，有人可以帮
助她设定自我界限。

沃尔特

沃尔特，42岁，男性，在一家药企工作，小有成就。他在相对较短的时间内就获得了晋升，从半年前开始担任领导职务，这意味着加班不会再被计入额外工作时间，不能再得到加班费，更不用说夜里11点还得收发邮件，假期里也不敢关闭手机和电子邮箱。

半年前，沃尔特与妻子、6岁的女儿一起，用一顿大餐庆祝了升职，却没有意识到等待着他的是什么。很快，他的新任上司就察觉了沃尔特的工作能力，于是不断给他加压，不断交付给他更大的项目。沃尔特欣然受命，为上司给予自己的这种间接赞赏暗自高兴。妻子苏菲看着丈夫对工作充满热情，而且事业蓬勃发展，最初也替他高兴。

可是几个月之后，那些深夜发来的电子邮件越来越让沃尔特感到不安，甜蜜惬意的二人世界不复存在，假期里他也几乎没有什么参与感，对那些度假区的短途旅行和文化参观毫无兴趣，对什么都不再感到好奇。另一方面，他几乎每时每刻都会查阅电子邮件，不停地翻看手机，似乎完全不愿意在假期里放松和休息。

　　假期结束，又过了两个月，他变得越来越烦躁，毫无耐心，越来越频繁地开始对自己的工作和工作环境进行批评甚至冷嘲热讽。几个星期之前，他身体的不适感越来越重，出现了腰痛的症状。接下来，第一次偏头痛发作了，持续的胃痛也开始折磨他。沃尔特处在筋疲力尽的边缘。家庭医生为他开了两个星期的病假条，建议他静下心来，多多休息和放松，可以去大自然中跑跑步。

　　其实，是沃尔特向上司"投怀送抱"，给了对方这样的暗示：我可以马不停蹄地承接你甩过来的任何订单、任务和责任。上司的喜怒无常也影响了沃尔特。截止期限造成的压力、公司内部人事变动和裁员压力都会影响上司的心情，而上司把这些毫无阻力地一股脑儿传给了沃尔特。沃尔特意识到，自己不懂得说"不"，跟自我边界设定有关。当他听说了我们的培训课程后，便即刻报名参加了一次对谈，以了解相关信息。他逐渐了解了自我边界的功能，并通过培训和练习重拾了设定新边界的勇气，重建了自信心，坚决地拒绝了一个新的大项目。当他做到这一点时，内心充满了骄傲和信心。令他惊讶的是，上司竟然爽快地接受了这个"不"字！如今，他讲起职场中的业绩，语气完全变了，内容也有所不同。苏菲乐见丈夫重新找回工作与生活的平衡，更为那些久违的惬意亲密时光高兴不已。

卡洛琳

卡洛琳，46岁，单亲妈妈。她为了自己16岁的儿子向我们求助。

她的儿子塞巴斯蒂安正在读高中，半年前成绩开始下滑。他带回家的成绩单越来越差，但他却似乎毫不在意，一回到家就把自己关进屋里，在电脑前一坐就是几个小时。他对各种社交媒体软件应用自如，像春天里的蚂蚁一样"辛勤"地耕耘在推特上，动辄给朋友们发几百张自拍，不放过手机和电脑里的任何一条推送，每条新闻他都要查看，仿佛认为自己有义务为脸书的每条最新动态付出时间。

卡洛琳苦恼不已，她失去了打开儿子心门的钥匙，母子之间几乎不能进行正常对话。她非常担心儿子，但由于害怕儿子完全切断跟自己的联系，她甚至不敢没收儿子的电脑或者给他断网。

塞巴斯蒂安完全被这种由铺天盖地的短消息、新闻和社交软件对话所构成的过度刺激控制了，从一个有自我意识的青春期少年变成了一个思想易被侵蚀的软弱的互联网成瘾者。如果不设定良好的自我边界，他永远无法保护自己免受外界侵害。或许，卡洛琳在自我边界设定上也不是什么光辉榜样，而且对塞巴斯蒂安而言，一个拥有完好而强大的自我边界的榜样式的父亲也是缺失的。塞巴斯蒂安无法以其脆弱的自我边界来抵抗数字技术的暴力。

卡洛琳应当如何帮助儿子呢？她曾无数次想要说服儿子，他在互联网上消磨的成百上千个小时会对他造成伤害，但这种尝试从未成功。最终，卡洛琳决定首先解决自己的心理边界问题。她来参加了我们的培训课程。然后，她关掉了家里的电视，因为没人真的想看它；吃饭时禁用手机；只有当儿子把耳机摘下来以后，她才跟儿子说话。她开始学着展示自己的边界——从最普通意义上的，到特别指向儿子的。她开始觉察到自己的意愿，并将它们表达出来。她还参加了一个冥想课程，每晚在自己的冥想垫上静坐20分钟。卡洛琳未曾料到，她越是花更多时间跟自己相处，就越能够更好地为自己设定边界。而这也影响到了她的儿子。如今，塞巴斯蒂安也能够暂时忽略那些一刻不停的推送和信息，不再对每条都及时回应，使用电脑的时间从每天 8 小时缩短到了 2 小时。塞巴斯蒂安重新变回了那个可以进行情感交流、充满进取心和好奇心的少年。他每周参加摄影课程，周日通常会骑山地自行车郊游几个小时。

隐私

安娜、沃尔特和卡洛琳的诉求各不相同。你的关切目标想必也不一样。严肃对待你的关切目标非常重要。拥有运作良好的保护性自我边界，将令你节省许多精力，免去许多付出，收获更强的自信心，抵达内心的平静。

在我们生活的时代，保护个人隐私和私人空间要承受巨大的压力，人们甚至会认为这些事都是不重要的，已经过时了。当前有些团体十分活跃，他们致力于消解个人隐私和心理层面的自我边界。本书中的这项旨在强化自我心理边界的训练，既非从保守的世界观出发，也不是为了固守一个落后的人类的形象。隐私权恰恰与我作为精神科医生和心理治疗师的工作密切相关。我每天都在与那些自我边界未能得到尊重的人打交道，他们中有些人的自我边界甚至曾经被重伤，或是多年来被反复摧毁。当我们无视他人的边界，伤害了身边的人，或者无法保护自己时，灾难就会发生。当我们同这种灾难面对面，就会发现对所谓"透明"的要求和成为所谓"透明人"的渴望，本身就是对人类的一种嘲讽。互联网巨头所宣扬的那种人类前进方向不仅天真，而且具有毁灭性和危险性。随着国家、家庭可以提供的保护越来越少，最终我们只能依靠自我边界来保护自己的内心世界。没有自我边界，就没有内心世界，没有内心世界，就没有自我。没有了自我，还剩下什么呢？

错误信条清单

在引言的最后，我想列举一些对自我心理边界的误解。以下这份清单并不完整，但很可能其中有几条也是你先前"信条"的一部分。在接下来的几周里，你或许会注意到类似的陈述在身边是普遍存在的。有些信条是古老的，甚至世代相传；有些可追溯至文化的起源；还有一些则是我们从媒体、熟人和朋友那里直接吸收过来的。

- 设定了自我边界，就会切断与外界的联系。

- 说"不"会冒犯到他人。

- 外向的人更会社交，更受人欢迎，更容易取得成功。

- 未来的人类是毫无隐私的。应当继续支持"透明"，反对隐私。

- 我没什么可隐藏的。

- 在亲密关系中，人不可以有自己的秘密。

- 如果一个人把自己"关上"了（即不愿交谈），大家会认为这是
  消极的行为。

- 爱意味着水乳交融。

- 开放代表着有学习的意愿以及发自内心为他人着想。

- 如果一个人快濒临自己的极限了，他一定是个失败者。

个人笔记：

可能你对本书的期望很高，已经开始期待第一项练习了。又或许你更倾向于持怀疑态度，但同时也做好了迎接惊喜的准备。对于这样一项受训者可以完全独立完成，无须老师指导，也无需与其他受训者交流的训练，你会有怎样的期待呢？这是一本所谓的自助手册吗？就像那些针对悲伤者、被遗弃者、肥胖症患者或酗酒者的自助手册一样？这不是一本充满解释和技巧的书。作为一本训练手册，它要求受训者具备纪律性、训练动机和毅力。所有的努力都会以取得成绩、达成目标以及随之而来的快乐作为回报。要想做好训练——无论是排球训练还是沟通训练，首先都需要定期练习。正如英语中所说，这是个"commitment"（承诺）。"commitment"的意涵很丰富，它是约束性、责任心、积极性等一切意思的总和。如果你有过运动或乐器演奏方面的经验，会比那些不具备竞赛经验，也从未在乐队或管弦乐团中演奏过的人有些优势。但是，即使没有运动或做乐手的经验，你也可以在任何年龄段养成一些纪律性。现在，我想简要地向那些持怀疑态度的人，以及其他感兴趣的人介绍一下这项训练的预期效果。

我们几乎不会意识到自我边界的存在，也很少注意到在当下的某次对话过程中是否发生了一些逼近自我边界或对方边界的事情。我们可能会察觉到愤怒、惊讶甚至是被冒犯的感受，但并没有想过这种感受可能与自我心理边界相关。即使认为对方粗鲁无礼、恬不知耻或肆无忌惮，即使受到伤害或被激怒，我们都不会意识到，对方在未经允许的情况下已经僭越了我们的自我边界。我们常常像大象来到了瓷器店，在身边人的内心世界横冲直撞，仿佛他们喜欢我们这样做。我们缺乏即时的敏感性和专注力，没有注意到自己尚未征求对方的意见便僭越了对方的边界。而这个训练的目的就是，让你在 8 周的时间里发展出一个感觉中枢，帮你感知到在某种情况下是否应该接近他人的自我边界。这个感觉中枢还将记录他人是否距离你自己的边界过近。你将越来越能够灵活地打开或关闭通往外界的"大门"和通往内心世界的"小门"。在你与上司进行重要谈话前，你将具备提前关上"小门"的能力；在跟亲密伴侣相处时，你也可以自如地关上"大门"。你将可以成功地从被迫说"是"变成主动说"不"。

培养边界意识

我们不仅缺乏对心理边界的认识，也没有相应的语言来描述自我边界是什么。因此，我们必须首先能够向其他人传递口头信号，告诉他们边界在哪里——这一点至关重要。例如，若要拒绝一个人，就要明确地把"不"字说出来；若想为一个朋友敞开内心的"小门"，欢迎他进入我们的内心世界，就要使用友善的言辞；若要对那些刻意迎合我们的人关门，则需要一点儿对外交手段的敏感度。你会发现，这也是训练内容的一部分。

有时，我们并不总能立即找到合适的话来表达自己，而不冒犯到其他人。应该用什么方式邀请一位可爱的同事初次访问我们的内心世界？答案并不简单。有时，我们在这方面只是经验不足，并非出于恶意，却可能被他人误会。不必担心。通过训练，我们会随着边界意识的不断提高而迅速进步。在不同的文化中穿行时，很容易发现"不"在不同国家的表达有很大不同：某些文化甚至从不把"不"说出口，而是用面部表情和姿势发出"不"的信号，而这对于一个陌生人而言几乎是无法识别的；相反，有的文化则会明确干脆地把"不"说出来。

想象力

在训练开始后，我们要学会将想象中的自我边界形象化。我的边界是吸引人的还是具有威慑力的？是渗透性的还是封闭性的？是具有亲和力的还是丑陋的、排斥性的？这一类问题我们从未问过自己。但你会发现，这些才是可以帮助我们建立自我意识的实质性问题。自我边界的形象可以帮助我们了解自己在这个世界上所处的位置、我们与周围环境交流思想的方式以及我们对不同人和不同情况做出的反应（例如对他人的反应是防备式的还是开放式的）。借助想象力，我们可以有意识地塑造甚至重塑自己的心理边界。这个边界可以变成一道可以灵活移动的花园篱笆，你将在想象中赋予这道篱笆以合适的形状。借助这种新的图像语言，你便能够了解在人与人之间的边界区域会发生什么。

两个月后

经过 8 周的训练，你将得以感知自己的心理边界，向其他人示意如何划清界限，并学会重视改建"篱笆"的价值。后者并非理所当然——许多人已经习惯了无视自我边界，在儿童时期没有得到允许建造一道能妥善保护自己的"篱笆"。把自己保护得很好的孩子，不但会受到批评，而且会被贬低，从而失去自我实现的机会。许多孩子至今仍然在遭遇这种不幸，眼睁睁地看着自己辛苦建立起来的边界一次又一次地被拆除。他们的父母下意识地认为，自己有权随时进入孩子的内心世界。

只要两个月，我们就将拥有崭新的、保护性的自我边界。自此，你很可能会把自己的世界同那些陌生的感觉、图像和视角区分开来，也将具备从不同角度观看自己的内心世界和自我边界的能力。你将可以确知自己是否专注——是否专注于自己，以及这种专注是否处于理性的、分析式的模式下。这意味着你可以了解自己当下的心理状态，从而产生一种与此前的思维方式不同的、全新的心理灵活性。

是不是很值得期待呢？希望你不会对这次训练失望，而且很可能会从中收获更多的附加值：例如，在面临突发状况时能够更加笃定地表达意见，或者自信得到提升。你会发现，周围的人也将注意到你的变化，朋友的反馈可能是——你变得更加淡定和放松了。

当然，学习的效果因人而异，我不能保证上述变化一定会以同样的方式发生在你身上。不过，我有信心，如果每天花 20 分钟左右的时间去练习，你就一定会看到积极的变化。

这个培训课程的结构是如何设置的呢？

如果参加在巴塞尔的"边界意识应用研究中心"（Centre for Applied Boundary Studies）举行的为期 8 周的"自我边界强化培训班"，你会每周 7 天（确切地说是 7 个晚上）、每晚 19:00—21:30 参加周小组会议，第 6 周的周六还将安排一场聚会。小组组员数量为 6 ~ 12 人，外加小组长和联合小组长各 1 名。

晚间课程的设置方式是为了确保并鼓励所有参与者可以互相交流经验。而你作为本书读者，是无法实现这种交流的。除非你正在与伴侣同时阅读本书，若是如此，你们二人可以在同一天开始训练，并分享体验。如果你是单独进行训练，我希望这本书能

激发你对所学知识的思考。另外，将每周的实践练习写成日记，
也将对你有所助益。

理论

晚间课程的另一个重点是理论课。本书对理论部分进行了更
加详尽的阐释，并且可以随时查阅。书中提及了近年来因注意力
空间模型的建立而产生的诸多新见解，其中很多已经作为相关科
学论文和专著发表（见参考文献），或在学术会议上报告。本书
将这一理论中的重要内容进行了汇集整理，并以一种新的方式加
以呈现。

注意力空间模型将帮助你更好地理解人际间的"边界动力
学"。如果两人或多人一组进行训练，你们会逐渐形成一种共同
语言，从而促进人际交流。

音频练习

参加晚间课程的受训者都会获得一盘含练习（即本书中的练

习内容）的 CD。由于每组组员相互之间都用"你"称呼，易于交流，我们在本书的音频练习中也保留了这一原则。此外，读者与作者之间的关系将变得更亲切。因此试读版的读者也鼓励我将"你"这个称呼保留在练习说明中。出于教学法方面的原因，我建议你在第 1 周完成练习 1，在第 2 周完成练习 2，依此类推。保持这个节奏十分重要，不要出于好奇或其他原因而过早开始练习——我会多次重复这个建议。

另外，使用音频练习时，你可能感觉句子之间的停顿有时太长，有时太短。经验表明，随着时间的推移，受训者对相同间歇时间的感觉会有所不同：你很可能在练习 1 中感觉间歇时间太短了，但又认为练习 3 或练习 4 的安排完全合理。人们对人声的感受也非常不同。不管出于何种原因，如果这个声音干扰到了你，请从一开始就承认这种感觉。如果每次都被它困扰，训练的难度会显著增加。不幸的是，我无法为你提供其他选择，因为这些练习在市场上并无同类项可寻。

测试自己的边界

边界意识应用研究中心致力于提供科学的培训。巴塞尔的受训者在培训开始和结束时要填写几份量表，包括我们中心设计的边界保护量表（*BPS-14*；Blaser，2014a）、人际关系管理清单（*IAMI*；Blaser，2014b）、弗莱堡正念测试问卷（*FFA*；Walach，2004）和 Maslach 职业倦怠量表（*MBI-D*；Büssing，1992；Maslach，1981）。你可以在本书附录 2 中填写边界保护量表，即刻开始评估。8 周后，你可以再次填写该量表，并将两次的得分进行比较。

正念减压疗法

最后我想谈谈训练的形式和结构。

那些熟知正念减压疗法（MBSR，Kabat-Zinn 2005）的人，一定会注意到自我边界意识训练（Self-boundary Awareness Training，SBAT）和正念减压疗法之间的相似之处。这并非巧合，两者之间的相似性也不是简单的复制。我想在这里解释一下它们之间的关系。

正念对人类而言并不是什么新鲜事物。正念训练已有数千年的历史。在佛教传统中，或者在学习瑜伽时，都要逐步地训练正念。50 年前，冥想对于西方世界还是陌生事物，只有少数几个相当"古怪"的人找到了入口。又过了很多年，科学界才对这种精神状态产生兴趣。乔恩·卡巴金（Jon Kabat-Zinn）对此贡献卓著，他开发的正念减压疗法是一种清晰的结构化训练。归功于这一标准化培训，全世界的人们都可以比较和评估参加培训前后的变化，尤其是患者群体。

这种对比和重复的可行性成了科学研究的基础。研究表明，正念减压疗法对于治疗慢性疼痛（Rosenzweig，2010）和牛皮癣（Kabat-Zinn，1998，2005）都有积极的作用；西格尔等人则证明了它在降低抑郁症复发率（Segal，2008）、治疗进食障碍（Kristeller，1999）和睡眠障碍（Heidenreich，2006）方面的积极作用。

为什么我要举这么多的例子？其实我想告诉你的是，每天进行、8 周不间断的心理锻炼能发挥什么样的作用。例如，赫尔策尔（Hölzel，2011）证实，8 周的正念减压疗法能够使大脑中发生可检测到的变化——在负责情绪调节的海马区、作用于感知觉和共情的脑岛区、影响着自信的颞顶联合以及整合所有感知觉信息并负责情绪调节的小脑中，均检测到了脑灰质的增加。

正如我们从史籍和小说中所知道的那样，数千年来，心理的自我边界一直是生而为人的特征之一。自从人类有记忆以来，"划界"的做法其实已经代代相传，但大多是无意识的行为。与正念减压疗法和正念认知训练（MBCT）相比，这种有针对性的、结构化的自我边界意识训练是一次全新的尝试。

就内容而言，针对自我边界的 8 周训练也是全新的，即便其中包含了一些正念练习。将音频练习、日记辅助的日常练习、小组中的经验交流以及全组共同完成的练习结合在一起，形成了一种适宜的学习形式。

我将这些指导性的热身练习以文字形式呈现在了本书中，希望可以帮助你从阅读模式切换到主动体验模式。这种灵活性将推动学习进程，依经验所见，也将增加你对训练的热情。

祝你训练一切顺利，永葆好奇心和喜悦。

个人笔记： ....
....
....
....
....
....
....
....
....
....
....
....
....

第1周

进入内心的秘密花园

或许你已经对第 1 周的课程翘首以盼。本章将对课程进行精确描述。我们将从正念练习开始（具体做法附有文字说明），然后引入第一堂理论指导，之后我将就音频中的第一个练习做些说明，在本章的结尾，还会有"家庭作业"。这一流程将贯穿整个培训，也就是说，我们每次都会从热身练习开始，就像培训小组所做的练习一样。热身练习有助于将你的专注提升到新的层次，使你远离日常琐事，远离惯常的生活节奏。如果你喜欢这些练习，当然可以增加练习的频率，当作补充训练，但这并不是必需的。练习开始前，请允许我问一下：你是否已经填写了附录 2 中的量表？如果还没有，请先去填好。

$$$
热身练习 1

找一个可以安静停留 10 分钟的地方。关掉手机，确保电视机、收音机也已经关闭，告诉你的室友"请勿打扰"。你可以在家中找一处地方，也可以走进大自然，然后找一把椅子、一个坐垫或者一块空地，坐下来，尽可能保持坐姿挺直，把双脚放在地面上。如果你愿意，也可以躺着做这个练

习。如果你觉得疲乏，很有可能在练习的过程中就睡过去。这对于有睡眠问题的读者而言恰恰也是一个很合适的入睡辅助练习。

找到一个舒适的地方后，舒服地坐下来，或者躺下来，闭上眼睛。现在，请你深呼吸，通过鼻子将空气吸进来，再呼出去，请留意吸进来和呼出去的空气的温度差别。你会发现，吸进来的空气会比呼出去的冷一些。请你记好呼吸次数，并重复这个动作 5 次。然后，请将注意力转到口腔。你会发现，这里也是呼吸时进行气体循环的地方，在口腔中可以明显感觉到吸气和呼气的差别。请你再次记好呼吸的次数，重复这个动作 5 次。现在，请将注意力转到咽喉。你会发现空气沿着咽喉以不同的温度向下渗漏。如果你在练习中走神了，突然想到别的地方去了，请不要苛责自己，知悉这一事实即可。你可以对自己说：我的注意力刚刚跑偏了，现在又回到我的咽喉来了。接下来，注意力落在胸骨下面，在那里，气管向下分为左右支气管，位置大概在胸骨上部三分之一处。在这里，你已经很难感知吸气和呼气时的温差了。一方面是因为我们不喜欢在那个位置去下意识地感知温度，另一方面，部分被吸入的空气到了这里已经被加热了。如果你无法感知到差别，没关系。实践出真知。如果你是躺着做这个练习的，很可能到这一步时已经睡着了。如果你没有睡着，请将注意力转到下一处，也就是倒数第二处。请你关注横膈膜的运动：它是如何在吸气时向下落、呼气时向上升的。如果这时思想又开了小差，请愉悦地接纳这一点，并再次回到练习上来。

最后，请你感受肚皮在呼气时向内、吸气时向外的运动。不要介意自己肚皮的鼓胀程度，并没有人注视你和你的"将军肚"。这个动作重复做 5 次。

如果你已经完成了上述练习，请将注意力转回到本书。让我们开始第 1 周的理论课。

理论指导

内心世界的构造

内心世界及其边界

在我们生活的这个时代，展示和发布个人的私密信息已经越来越成为常态。私人空间变得越来越小了。出于不同的动机，一些群体还在鼓噪推动无条件地自我暴露。自我边界这个议题饱受争议，脸书从这种新兴的自恋主义中获利，美国国家安全局等情报机构也得益于这种全新的开放性，而亚马逊等互联网巨头早已开始利用成千上万地球居民的互联网数据和数字移动轨迹。这种所谓的"强迫曝光"打破了人与人之间的边界和阈限（Han，2013）。

从心理治疗的角度来看，很显然，人类拥有一个需要被保护的内心世界，一个可以私藏个人经历、守护那些自己打算带进坟墓的"秘密"的内部空间。人类的灵魂需要一种界限，可以退回到自己的界内，无须理会他人的目光（Han，2013）。我们需要这样一个内部空间，让我们可以与自己的感觉、自己的悲伤相处。这是一个只属于我们自己的地方。然而以前发生过、现在还在继续发生的情况是：许多人的自我边界因创伤经历而被瓦解、破坏或被射击得像个"筛子"一样。

无论过去还是现在，儿童和青少年通常都没有机会建立一个稳定的、保护性的、运转良好的自我边界。今天，许多人正以前所未有的程度追随"曝光社会"的趋势。他们自愿解除自我边界，期待被更多人看到和知道，但恰恰事与愿违。

三个心理空间

假设每个人从出生起就有一个心理和精神的内在世界，那么在这个内在世界之外，必然还存在一个外在世界。如果存在这两个空间，那么肯定也存在一个边界领域——一个心理层面的自我边界，将这两个空间区分开来，并同时连接着它们。这意味着三个心理空间的存在：你的内心世界、我的内心世界以及它们之间的空间（见图 1）。

根据李斯曼（Liesmann，2012）的研究，边界必须是可以双

人际空间

A 的内心世界

B 的内心世界

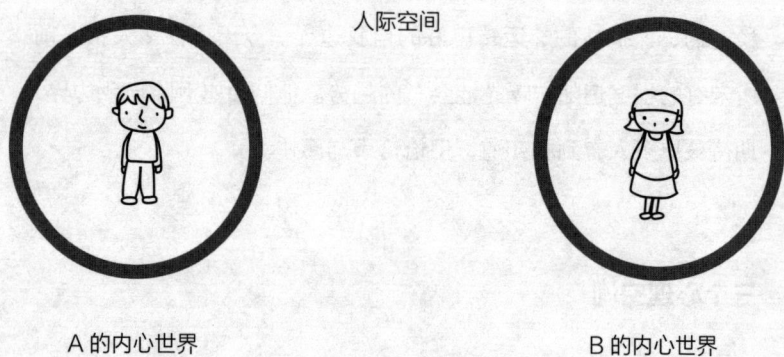

图 1：三个心理空间及其边界

向交叉的。我们如何跨越心理上的自我边界呢？要靠注意力。你的内心世界、我的内心世界和你我之间的人际空间——这三个空间都是我们的注意力可以集中并在其间逗留的地方。稍后我们还将看到，把注意力集中于内心世界，叫作正念；进入他人的内心世界，叫作共情；而当我们将注意力集中于人际空间时，就进入了认知理性的模式。边界具有区分功能：没有边界，我们就不能将两个东西分辨清楚，你的内心世界与我的不同，也与你伴侣的不同。边界也是不同空间可以相互交流的地方。边界可以帮助吸纳、渗透、分离和清除。

你的内心世界与伴侣、父母、兄弟姐妹或孩子的内心世界在哪些因素上有所区别？哪些因素可以在你们之间相互传递？

6 个可传递的要素

一般的心理治疗已证实，在内心世界中，有必要明确 6 个要素，它们可以在人与人之间相互传递（Blaser，2008）。

让我们先从**感受**开始，它包含了我们的悲伤、恐惧、喜悦、愤怒、感动等。每个人在其内心世界中都可以找到一个让这些感受留存多年的地方。

我们会自觉或不自觉地传递感受（Blaser，2008）。如果有人试图把挫折感释放出来，他很可能并不是有意识这样做的。如果他有边界意识，如果他清楚地知道这样一来挫折感会在伴侣的内心世界着陆，很可能就会避免这样与伴侣交流。情诗是一种理想的表达感受的礼物。男人或女人会因为感受到温暖和美好而觉得幸福。因此，我们可以保留自己的感受，也可以将其传递下去。我们内在心理空间中的感受可以是自己的，也可以是陌生人的，可以是过去的，也可以是当下的（Blaser，2015）。心理的自我边界在决定感受的位置时扮演着至关重要的角色。面对一种感受时，我们是留给自己还是将之传递出去，自我边界发挥着关键作用。良好的自我边界具有过滤功能，可以控制感受的变化。

我们大多通过非语言的方式传递感受。面部表情、手势、身体姿势以及语音语调都是媒介。有 26 块面部肌肉是我们无法主动控制的，因此对方很容易识别出虚假笑容和真实笑容之间的区别。有趣的是，在传递感受时，身体的姿势和动作比面部表情更为重要。

　　另一个重要因素是我们内心的**表象**。不同的人对于人、神、恋爱关系、为人父母、男性和女性等都有自己的表象。在现实中看过或经历过的人、事、风景，或者从电脑、电视或报纸上看到的画面，都会形成不同的视觉表象，此外，表象也可以是听觉、触觉或嗅觉形式的。

　　所有这些表象都可以被传递，甚至可以代代相传。这意味着我们完全有可能将外婆心中的男性形象代入到自己的表象中。每一种文化也会培植自己的表象，然后通过学校、家庭和媒体传递给孩子们。这些表象有时也可能是有害的，例如仇恨的表象。

　　我们也可以越过自我边界来传递**经验**。例如，音乐老师会将自己作为乐师的经验传授给学生，让年轻人学到一些在任何教科书中都找不到的细节。在体育活动中，我们也能看到教练从自己丰富的比赛经历中汲取经验，将其传授给年轻的运动员。

　　经验或**信念**可能与表象差不多，并不是总能被精确区分。不过，我想在这里将其定义为一个单独的内部要素。这一要素对人格发展的影响常常被低估，对待它的方式也常常被忽视。父母常常漫不经心地将"无论如何你都做不到"或"你永远都学不会"

这种话直接植入孩子的内心世界，给他们带来终生的伤害。通常只有在心理治疗中，这些伤害才能被识别出来，然后父母才会得知它们可能就是引发孩子心理问题的外部因素。

下一组可以在内心世界中找到许多变体的要素叫作**任务**。任务可以被清晰地表述出来，或是以愿望的形式得到表达；也可以是完全隐蔽的，令我们难以觉察。一个 14 岁男孩的父亲因心脏病意外去世，男孩的母亲很可能在不知不觉中，授意他承担起父亲的任务，照顾年幼的弟弟妹妹。甚至在某种情形下，他还会被要求扮演母亲的伴侣。这个男孩对此很难反抗，结果这项不可能完成的任务就固化成了他内心世界的沉重负担。在职场中，什么人承担什么任务是有明确规定的，老板可以将职务说明中规定好的职责委托给员工。但是，当老板承受压力时，安慰老板并不是员工的任务。如果老板提出了这样的要求，可能会引发严重的问题。

最后一组可传递的内部要素是**责任**。我们可以将属于自己的责任委托出去，也可以将本属于其他人的责任扛起来。例如，在离婚以后，我们经常看到母亲试图承担起本该由父亲承担的家长责任。或者恰恰相反，父亲试图摆脱对孩子的责任，将孩子留给前妻。

50 年前，让孩子为父母的幸福和福祉负责，对我们来说或多或少是一种普遍现象。甚至在今天，我们仍然能看到孩子在对父母的福祉承担责任，有时则是出于所谓的爱心而自愿承担责任。这种责任导致了孩子无法承受的巨大负担。大多数情况下，只有在成年后，孩子才能设法将这种责任归还给父母。在工作场所中，我们也经常看到责任被错误地委派下去或自以为是地承担起来。准确的职位说明可以帮助员工更好地捍卫自己。

如图 2 所示，表象、经验、感受、信念、任务和责任都是相互联系的，构成了一个内部心理系统。当一个要素发生变化时，所有要素都会发生变化，或者换句话说，一个要素的改变会导致整个系统的重塑。

内心的花园

此刻，我想引入一个在以前的书中已经介绍过的比喻，把精神层面的内心世界比作一个花园。事实证明，当我们的注意力停留在内心世界时，花园这一具象化观念可以帮助我们更好地理解其含义。花园是一个我们可以徜徉于其中、流连忘返的地方，我

图2：内心世界与各种内心要素（BEGOOV）。B= 表象，E= 经验，
G= 感受，O= 信念，O= 任务，V= 责任。

们可以追随注意力的焦点在这个空间中自由地活动，自己决定看向哪里，看哪棵树、哪片灌木或哪朵花，或者将注意力集中在任一图像、任一朵花和任一感受上。注意力的焦点及其指向（例如落在一朵花上），决定了我们将要与内心世界的哪些部分产生联结。

我们可以从纯粹现象学意义的生理上，由内而外地与心理感受相联结。埃德蒙·胡塞尔（Edmund Husserl，2002）、梅洛·庞蒂（Merleau Ponty，1964，1966）、托马斯·福克斯（Thomas Fuchs，2000，2008）均对此有恰当的描述。一个新兴概念"具身认知"随之诞生，指的是身体感觉与心理感受、内心表象及精神体验之间的强烈联系（Cantieni，2010）。心理治疗师简德林（Gendlin，1998，1999）有关"聚焦"（Focusing）和"体知"（Felt Sense）的观点也描述了同样的现象。

当我们安住在内心世界的时候，就可以保持正念，聚精会神，进而被自己关注的所有感受和经验包围。当我们处于自我的中心，就可以用心地再向内一层审视。我们完全可以有意识、有目的地从身体上，或者说生理上，与自己的经验和感受相联结（见图 2 中的粗线）。或许可以说，能够意识到自己内心世界的人，就能对自尊保持觉知（Hüther，2018）。

花园是一个较为恰当的比喻，它展示了我们的内心世界和自我所具有的生动性和可变化性。"本性难移"这个旧观念已经过时了。近年来，神经生物学家有力地证明了人类大脑的灵活性以及适应、学习能力。花园四季变幻的图景似乎可以印证这种所谓的"神经可塑性"。花园比喻的另一个重要视角，是让我们可以就如何设计、改造花园展开想象。我们完全可以依据自己的意愿来改造花园，让自己置身其中时感觉更舒适。

我们的内心花园并非不受约束、肆意生长的原始丛林，而是一个可以安放感受和经验的内心空间。我们在其中永远可以找到舒服地安放这些感受和经验的新位置。正是这种可能性使得我们成为自己花园的主人，催生了创造力和自决力，强化了自尊心和自信心。

花园的篱笆

很显然，在这个花园的比喻中，篱笆象征着自我心理边界。因此大概不难理解，为什么高高的石墙和深深的绿篱是不同的。

在接下来的几周里，你会发现你可以自由地设计自己的篱笆，让你既能拥抱新事物，又不失去安全感。

园门代表着通往外界的大门。它是自我边界过滤功能的象征。我们再来详细说说这个问题。园门决定了我们与外界的接触方式，比如与周遭环境交流感受的方式。它能展示出我们是开放的还是封闭的，证明我们可以有意识地在开放和自我保护之间进行调控。通过打开或关闭大门，我们可以决定谁能够受邀进入我们的感受和经验世界，谁能够进入我们的内心世界，又有谁、出于什么原因必须留在外面，也许只是几分钟，也许是永远。

通过音频练习，你将深刻洞悉自己此前的边界行为，认知到迄今为止开关园门的旧模式，并学会改变无意识的习惯性行为，以最佳方式来适应当前的生活场景。

音频练习 1– 准备

微信扫码获取音频练习

是时候了。你即将开始进行第一项音频练习。我在上文的"课程设置"中已经提到过,建议你在训练的第 1 周只做练习 1。所以,不要因为好奇或其他原因而去尝试练习 2。根据我的经验,太早开始下一个练习会对训练产生不利的影响。

选择一个不受干扰的时刻和一处不受干扰的地点,开始音频练习 1。练习时长约为 16 分钟,并以冥想钵音结束。所有的练习都是想象力的练习,可以帮助你联结起潜意识里的表象和画面。有些人可以看到翔实生动的内在图像,有些人则不太能做到。这对于练习的效果而言无关紧要。所以,如果你一开始无法看到清晰的内心表象,不要气馁,因为练习才刚刚开始。在时间的推移中,你一定会看到越来越清晰的表象。音频练习 1 的时长不到 14 分钟。如果你愿意,可以每天练习两次,但这并不是强制性的。除了开车或操作危险机器时以外,你可以在任何时候进行练习。当然,我也不推荐在做运动时做这个练习，比如慢跑或远足时。另外，即使练习的引导语保持不变，你也可能会发现自己的内心表象在一周内发生了变化或者变形。这可能是因为这些表象不由自主地跳了出来，或者它们被你的意愿和理想化的想法改变了。两种情况都是合理的。也有可能，在整整一周里，你的脑海中每次都会出现同样的画面。别在意，这也是合理的，这种情况的出现也有其意义，即使你现在还无法理解。

请带着对即将出现的画面和感受的好奇和渴望，边听边练习。不要对出现的画面进行评判。如果你想要以两人或两人以上的小组形式来做这个为期 8 周的自我边界强化训练，请至少在开展此项练习的 6 ~ 7 天后再与其他人交流。经验表明，个人的首次自我边界练习应单独进行，这将强化整个学习的进程；随后再与其他人进行交流，则可以激发新的灵感，丰富新的思路。

愿你在练习中乐趣多多。

99
日记练习 1- 准备

作业： 你有没有经历过这样的情境——在当时或者事后意识到，某件
事与你的自我心理边界有关？

　　下面是第 1 周练习的任务清单。它如同一本小小的日记。你
每天都要就同一主题下的 6 个问题进行回顾。每天晚上，回想一
天里的情况，看看你是否经历过某些状况，在当时或者事后才意
识到，它与你的自我心理边界有关。每天早上，重新读一遍前一
天晚上的任务完成情况，会帮助你在新的一天中及时意识到边界
的情况。这个练习的作用是探索和发现你内心的微小雷达，帮你
察觉到自己或对方是否接近甚至越过了彼此的自我边界。

　　第二个问题问的是有哪些人参与其中，目的是帮助你区分不
同的人和他们的边界行为。你的周遭可能存在着对你的自我边界
保持尊重的人，也可能存在着出于某种原因无法做到这件事的人。

　　第三个问题的重要性在于，要去关注当有人靠近你的自我边
界，也就是有人敲响你的花园大门甚至擅自越界时，可能会触发

你的哪些感受？这个问题是要你观测自己的反应，旨在帮助你总结出旧有的应激模式。一旦这个模式被描述出来，你就可以冷静地思考，什么样的反应才是可取或适当的。可能你现在已经意识到了当时应有的反应，但由于缺乏边界意识，一直没能做到。那就试着想象自己在那个情境中做了正确的反应。这样可以帮助你在未来遇到同样的状况时做出更正确的反应。反复品味这个反应，甚至可以把它大声地说出来。大声说出这个新想法，有助于以新的行为模式取代旧的行为模式。

你看，这是一本日记，又不仅仅是一本日记。很明显，即使在 8 周的训练结束之后，这些练习也会很有用。但现在，请开始期待自我观察（即"内省"）所带来的惊喜吧。内省是自我调节的关键。

愿你有个美好的开始。

作业：你有没有经历过这样的情境——在当时或者事后意识到，某件事
与你的自我心理边界有关？

	情境描述 （用关键词描述）	这个情境涉及 哪些人？	这个情境触发了你 当时或者事后的哪 些感受？
第1天			
第2天			
第3天			
第4天			
第5天			
第6天			
第7天			

你当时的反应如何?	再出现类似的情境时,你可以做出哪些不同的反应?	想象一下,你做出了这样的反应。

第 2 周

审视你的边界

你已经完成了第 1 周的课程。在本章中，我们仍将以一项热身练习开始训练，并对音频练习 1 进行回顾。你还将学习全新的理论，并预先对下一个音频练习进行初步讨论。

热身练习 2

让我们以一个听力练习开始这一章的内容。仔细阅读这段说明文字，然后按照说明的要求进行相应的练习，再继续往下读。

找一个房间，将电视机或收音机等电子设备全部关闭。找一把舒适的椅子坐下，尽量坐直，但不要让背部肌肉过分紧张。

现在，请你闭上眼睛，尽情感知自己身体发出的声音或周围的环境音。你也许可以听到自己的呼吸声，即空气被吸入和呼出鼻腔的声音。在此过程中，你一定会吞咽口水，因此也能听到吞咽动作在嘴巴和耳朵里引发的声音。如果稍微动一下，你还能听见椅子发出的嘎吱声或者衣服窸窣作响的声音。以上这些都是近距离范围内的声音。

接下来，你可以将注意力再向远处拓展 2 ~ 10 米的距离。

你能听到什么？能不能听到隔壁房间里其他人的声音，或者是厨房里洗碗筷的声音？在有意识地接收声音信号时，请注意自己身体的感觉。你的头部会对声音刺激做出反应吗？听到不同声音时，你身体的各个感觉器官也会有不同的感受吗？请你将注意力的作用范围再向远处拓展。现在你可能会听到这些声音：窗外的鸟鸣声、行驶而过的汽车声、街上的一声巨响、孩子们在游乐场玩耍的笑声、远处的飞机声。

在你听到的所有声音里，可能有些你知道是什么，有些则不然。你也完全有可能听到一些分散注意力、让你觉得不安或想起不愉快事情的声音。没关系，请接纳这种感觉。其他声音也许会让你露出笑容或者感到高兴，也请你接纳这些愉快的感觉。你听到的声音可能会不停变换，有时近处和远处的声音会混合在一起，有时自己身体发出的声音会和其他陌生的声音交相呼应。这些声音共同形成了一个三维立体的声音世界，而你恰好就坐在这个世界的正中央。试着有意识地感知这个世界正中和周围的所有声音。如果四周静寂无声，没有任何声波冲击你的鼓膜，你便是处于静寂世界的中央。

请你再静静地坐一会儿，然后睁开眼睛。

音频练习 1- 回顾

练习小结： 在练习 1 中，你在独处时对身边的人、自己的日常事务
和内心世界进行了想象。接下来，你面朝自己的内心世界，
从外部对内心世界的边界和大门进行了感知。

　　如果你已经完成了音频练习，请继续读下去。现在，我们要
对上一周的内容进行回顾，并对音频练习 1 展开讨论。我会向你
提一些问题，你可以自主作答。但这些问题也有可能引发你后续
的思考，让你产生一些对自己来说非常重要的新问题。

　　首先，这个音频练习，你是否每天至少做过一次？如果没有，
那么你是否有足够好的理由来解释自己没有完成练习的原因？如
果有，那也没关系，这都很正常。如果你一连几天都没有办法完
成这个练习，最好还是将第 1 周的训练内容全部重新做一遍。相反，
如果你没有足够好的理由来解释自己没能完成练习的原因，就应

该问问自己，为什么上一周没有每天做练习。

在回答这个问题时，请你务必要诚实，并且不要进行自我评判。"我太懒了""我不够自律""我是个失败者"——这些都属于自我评判。不要苛责自己，试着想一想，下周再遇到这种情况时，你可以做出哪些改变。

也许，可以找一个更合适的时间和地点去完成这个练习；也许在听音频的时候，戴耳机比用立体音响更舒适。在做练习时，你不妨把坐着、躺着、站着等各种身体姿态都尝试一遍。另外，如果你觉得用来想象每个图像的时间间隔太短，也可以按下暂停键。总之，你可以把各种方法都尝试一下，直到找出最适合自己的那种。

现在，从内容方面来对这个练习进行探讨。请你把以下问题的答案写在一张白纸或一个专门的笔记本上：你想象出背后的内心世界了吗？你能估算一下自己与内心世界的大致距离吗？还是说你立刻就能进入内心世界？你已经在里面了吗？有时候，内心世界可以离我们很近，就像一个背在背上的包。同自己内心世界的距离到底应该是多少？这个问题没有标准答案。

音频练习1的目的就是让你获得一种对内心世界的感觉。有些人在面对自己的内心世界时会感到恐惧。遇到这种情况，要怎么办呢？转身离开吗？那么恐惧的情绪又该如何处理？有时我们也会看到，自己的内心世界里来了一些不速之客。在这种情况下，又该怎么办呢？我们可以请求这些客人离开我们内心的私人空间。

你看到自己内心世界的边界，或者说内心花园篱笆的图像了吗？在过去的一周里，你的边界有没有随着时间的流逝而改变？这种改变是怎样发生的？是逐渐变化，还是第二天突然就完全不一样了？你有没有想过，该如何设计拦截外部世界的边界呢？你希望它变得更高、更深，更宽、更窄，更封闭、更开放，还是更多彩？有些人能很轻松地在脑海中浮现出边界的具体图像，有些人则会觉得这样做比较困难。

你是否成功地给自己的边界装上了一扇通往日常生活世界的大门呢？当边界的效力日渐增强或减弱，你脑海中的边界图像又会发生怎样的变化？在对边界的图像进行想象时，你是否要花很多精力？会不会在有些时候，边界的图像能够自动浮现在你的脑海中？你在什么时候觉得想象出边界图像很困难，什么时候又觉得很轻松？这种难易程度跟时机之间是否存在关联？你觉得，你身边的人是否注意到了，你已经有了一个新的自我边界，或者说有了一扇新的通往日常生活世界的大门？你又是怎么确定这一点的？有了自我边界意识后，我们还要做些什么呢？

接下来，我们来一起探讨上周的作业——日记练习。

个人笔记： ....

....

....

....

....

....

....

99
日记练习 1– 回顾

作业： 你有没有经历过这样的情境——在当时或者事后意识到，某件
　　　　事与你的自我心理边界有关？

　　这个问题也许很难回答。毕竟在过去的几年中，你可能很少
或者从来没有这样问过自己。就算你曾经遇到过问题中描述的那
种情况，甚至也许一天之内就遇到了好几次，也很少会意识到这
种自我边界的交互作用。完成这项作业的过程就好像在问自己：
你在走路时，脚后跟与地面接触了多长时间？为了感受接触时间，
我们可能会越走越慢。这项训练的目的，不是让你因为无法感受
脚与地面的接触，导致赶不上公交车，而是要让你能够像专业
舞者一样，自己就能把一支新舞的所有动作排演出来。这项训
练完成得越好，就越能更好地将每一个步骤内化，从而使你的
舞蹈动作愈发流畅，如此一来，你就会越来越享受和同伴一起跳
舞的过程。

在这 8 周的训练中，你将学习如何培养自我边界意识。这种自我边界意识能够让你对自我边界的形态进行调整，从而快速适应全新状况。日记练习可以帮助你识别出哪些情境与边界有关，也能促使你关注这些情境中的各种情感。

这项练习还能帮助你认清这样的事实：在与各色人等交往的过程中，你们之间边界的交互作用各不相同；这些"边界动力学"在你的生活中常常会重复出现。这种"边界模式"对交际双方并非总是有利的，可能会引发双方的不安情绪，也可能会使双方的交流受到阻碍。"你可以做出哪些不同的反应"这一问题能够让你以新的"边界行为"代替旧的模式。在训练的过程中，你需要勇气，也会收获试验的乐趣。

理论指导

自我边界的功能

保护功能

　　德国社会学家沃尔夫冈·索夫斯基（Wolfgang Sofsky）在《隐私的防护》（*Verteidigung des Privaten*）一书中写道："除了轮子、犁和笔以外，墙是人类最重要的一项发明。墙制造了距离，并且保护人们不受侵犯。"（Sofsky，2007）在听到"边界"一词时，我们首先想到的就是保护。但接下来我们会看到，边界还有其他几个重要的功能。

　　还是先来谈一谈边界的保护功能吧。自我心理边界能够保护我们免受哪些伤害呢？回想一下内心世界的精神要素，我们必须保护自己免受陌生的表象、个人经验、感受、信念、任务和责任的影响。其中，首先要避免受到他人带来的负面影响；这些负面影响就是那些令人感到内疚、沮丧、筋疲力尽的毁灭性的感受、表象和经验。

060 | 建立边界感

过滤功能

边界负责将表象、经验和感受区分为令人沮丧的和鼓舞人心的、令人筋疲力尽的和给人带来力量的、阻碍性的和支持性的。我们曾将内心世界比作花园，而花园的大门就是一个过滤器，可以将我们不希望见到的闯入者挡在外边。如果我们能够有意识或无意识地激活这个过滤器——也就是说，如果我们能够自己控制花园大门的开和关，那么自我边界就能够给我们提供一种内部安全感，让我们得以不受外部环境的影响，从而感觉良好。每个人都对内部安全感有着深深的渴望。这也许是因为，我们曾在母亲的子宫里待了很长时间，身体就是在那时体会到了内部安全感。

很多人不知道，自我边界的过滤功能其实涉及两个方向。自我边界不仅负责调节从外部到内部的信息传递，也负责调节由内到外的信息传递。令人感到沮丧的阻碍性的感受和表象应该留在自己的内心世界中，不能将它们不计后果地暴露出去，更不能让它们进入他人的内心世界。而那些给人以力量的、支持性的、可爱的、温暖的、热情的、有趣的、动人的、滋养心灵的感受、表象和经验，当然可以继续传递出去。关于自我边界从内向外的过滤功能，之后会有一个专门的练习来阐释。

分辨自身与他者的功能

自我边界能够让我们区分哪些感受是自己的，哪些是他人的。我们要怎样才能知道，哪些感受来自外部，哪些感受本就属于现在的自己呢？这就像是花园里的一株植物，我们可以知道关于它的很多事：它是由我们亲手种下的吗？是在什么时间、什么情况下种的？它是被其他人带到花园里来的吗？是有人特地把它送给我们，还是无意之中把它种在了我们的花园里？我们稍后将会看到，这种分辨能力在共情中扮演着十分重要的角色。

自我边界是发生交换的地方。在这里，自我的感受离开了内部空间，他人的感受则进入到这个内部空间。当一种感受进入内部空间时，内部的心理系统就会增加一些东西，整个系统也会因此进入运动状态，直到创造出一种新的平衡。因为我们同外部世界及身边人的交流是持续不断的，所以必须想办法不断平衡内心世界中的精神元素。这种自我调节能够使我们的内心世界达到一种和谐状态。因此可以说，自我边界直接参与了自我调节的过程。

凝聚功能

自我边界也可以将内心世界的所有精神元素凝聚在一起，这在心理学上被称作"容纳"（containment）。包含各种感受、经验、表象和信念的内心世界塑造了"自我"。如果没有对内部空间的清晰界定，自我意识就无法产生。只有清楚地知道，哪些东西属于自己，哪些东西不属于，才能对自己有"自我"认知。很多人会发现，人们可以通过强化自我边界的方式增强自我意识。

之前的花园比喻仍然可以很好地解释这一点："自我"的发展在时间上是一个连续不断的过程。花园里有一棵已经矗立了20年的桃树，饱经风霜，生命力依然顽强。尽管这棵树多年来一直在生长，而且每个季节看起来都不一样，但它始终都是桃树。表象、感受和个人经验在空间上的排列也能够让我们了解事物在时间上的发展历程。

内心世界的大小

自我边界决定了内心世界的大小。研究者对数百个自我边界三维可视化案例的研究表明，内心世界的大小在人们出生时就已经确定了，并且人与人之间相差不大（Blaser，2014c）。如果在孕期存在一些阻碍内心世界健康成长的情况，孩子出生时的内心世界可能会较小。在成长过程中，内心世界的大小也会改变。实验结果表明，人在抑郁消沉时，内心世界会变小。抑郁、消沉的人只愿意蜷缩在自己的内心世界中。多亏有了想象力的力量，我们才能使自己的内心世界大小恢复如初。

最后，我想再次提醒你注意，人类拥有一种特殊的感知器官。这种感官让我们可以感知到身边其他人的自我边界。我们能够感觉到，对方是敞开心扉，还是自我封闭；也同样能注意到，对方内心花园的篱笆是密不透风，还是留有缝隙，可以让其他东西渗入。

下面这个例子可以解释这种观点：

威尔玛在城里目睹了一起交通事故，事故中有人受伤。事故现场非常惨烈，威尔玛很高兴自己立刻就找到了经验丰富的人帮忙处理现场。这样一来，她在离开现场时，就不会感到良心不安。到家后，她感到自己有一种与人交谈的强烈需求。尽管自己并没有意识到这一点，但她其实是想要尽快摆脱这些让人不舒服的感受、表象和经验。她很清楚自己可以给哪位朋友打电话。很显然，她选择了一位愿意让别人越过花园的篱笆、进入自己内心世界的朋友。

威尔玛是怎么知道这一点的呢？人类可以在不知不觉中感知到他人的自我边界。我们不但能知道它是不是密不透风，还能知道它有没有被翻新过，是吸引人还是令人反感，是厚还是薄，是高还是低。

自我边界意识能够让我们对内心花园的篱笆进行自主设计。我们也可以让身边的人按照我们的意愿感知到花园的篱笆。在求职面试中，我们内心的边界看上去常常是开放的、严肃的；而当深夜走在一条黑暗的巷子里时，它看上去则又高又厚，具有保护性；在生日聚会上，它看起来又是有趣的、令人愉快的。

ᴵ˷ᴵ

音频练习 2- 准备

微信扫码获取音频练习

在第 2 周的课程中，你将会进行一项新的想象练习：想象自己把注意力集中在不同的空间位置。正如本周音频引导中所说，在做这个练习的时候，你可以站着，也可以起身走动。当然，这并不是必需的。在站立和行走的过程中，你可以对"注意力的空间移动"这一概念有一些更深的体会。这就像是先想象自己说了什么，然后大声说出来。说话和来回走动这样的身体动作有助于加强想象练习的效果。随着这 8 周的训练不断深化，你将不仅仅在想象中，也确实在心理内部空间中走动。你可以从内部空间的中心地带走到入口的大门处，也可以从自己内心世界中的一段过往经历走向他人的内心花园。刚开始，你也许会觉得这有些奇怪，但一段时间过后，你可能就会越来越喜欢这样做了。我们在内心世界中怎样有意识地转移注意力，会影响我们与自我边界的关系。

99
日记练习 2- 准备

作业: 这个练习请你每天做 1 ~ 5 次，每次都要在脑海中想象自己
处在他人的陪同下。想象有一个人对你有着积极的看法。现在，
你正在和这个人一起从外部看向你的内心世界。

很多人对自我形象的认知都是扭曲的，饱受这一扭曲认知所
带来的痛苦。他们从小就听别人说自己又笨又蠢，于是便不知不
觉地接受了他人的看法，认为自己在外人看来确实又笨又蠢。这
种思维模式在大脑中塑造了一条强大的神经通路；一旦接受了他
人的看法，这条通路就会自动被激活。无论对方是谁，这条通路
都会指引他们走向一而再、再而三的自我贬低。

这个练习能帮助你识别并破除人际交往间的这种思维模式，
更重要的是，能够用积极正面的新观点取代它。神经生物学家将
这种对原有情感和人际关系的思维模式进行重新学习的能力，称
为"神经可塑性"。即使是相当高龄的人，其大脑也能塑造新通路，

拆除旧通路。如果并没有遭受到扭曲的自我形象认知所带来的困扰，这个练习也可以让我们更加深入地了解他人是如何看待我们的。

　　这个练习还能使我们意识到，深陷这样的人际交往思维模式，始终关心他人对自己的看法，这种情况出现得有多么频繁。你很可能现在才注意到，其实你经常用他人的眼光来打量镜子、橱窗或车窗玻璃上映出的自己。你可能也会发现，自拍、在社交媒体上发自拍，都表达了一种愿望：希望有人站在你身边注视你、夸奖你。如果这种愿望和相应的行为被过分夸大，那么自我认知就会带上自恋的色彩。自我感知有 6 种形式，通过来自外部的他人进行自我感知只是其中的一种。这一点在后边的课程中还会讲到。

　　现在，我们已经到达了第 2 周培训课程的结尾。希望你能享受做练习的过程，也希望你能获得新的经验和新的见解。

作业：这个练习请你每天做 1 ~ 5 次，每次都要在脑海中想象自己处在他人的陪同下。想象有一个人对你有着积极的看法。现在，你正在和这个人一起从外部看向你的内心世界。

	情境描述 （用关键词描述）	你和谁一起站在外部看向你的内心世界？	你认为，你的陪同者对你的内心世界有何看法？
第 1 天			
第 2 天			
第 3 天			
第 4 天			
第 5 天			
第 6 天			
第 7 天			

你能想象出，陪同者对你持有积极看法吗？	你自己怎么看？	现在，请你与内心世界保持一段距离，并描述一些对自己的积极看法。

第 3 周

他人请止步

热身练习 3

我们还是以一项热身练习开始第 3 周的内容。在为期 8 周的小组训练中，大家在每个晚上开始训练前都会一起做一项练习，为接下来的训练做好情绪上的准备。在经历了漫长而匆忙的一天后，这项练习可以帮助我们找回自我。

为了让本书的训练在过程和效果上都尽可能地接近真实的小组训练，我们也将小组热身练习"移植"了过来。前 3 周的热身练习全部都是正念练习，只需在每晚的训练开始前做一次，并不属于"自我边界训练"的一部分。后 5 周的热身练习既是训练开始前的热身，也是正式训练的一部分。也许这一天你过得既疲惫又混乱，在经历了这样的一天后，这个热身练习可以帮助你轻松访问自我边界。如果你已经成功触及了自我边界，也感受到了内心的平静，可以选择略过这个练习。

这次的"正念热身练习"是一种步行冥想，可能也是最简单的一种。请仔细阅读说明，将步骤铭记在心，然后亲自尝试。

你以前可能看过有关佛教的纪录片。在纪录片中，可以看到披着袈裟的僧侣们缓慢而小心地移动。他们在以步行冥想的方式进行训练。在步行冥想的过程中，他们会将注意力集中到步伐和呼吸上，尝试在行走时感知自己的步伐。

在接下来的步行冥想中，你会接触到一些有关步伐运动的词语。现在，请你在站立时，将身体重心移至左腿。接下来，请抬起右腿，让右脚在空气中向前移动，然后大声说："前进。"想象一下，你的右脚此时正在踏入一个未知空间，这时请大声说："探索。"右脚发现了这个新的空间。接下来，在脚跟着地的同时，大声说："到达。"注意右脚的脚跟是如何碰到地面的。你感受到身体与地面的接触了吗？与此同时，请你将身体重心放在右脚上，大声说："抓牢。"就好像你想要长时间保持住脚掌和地面间的联系。现在，请将注意力放到左脚上，因为左脚马上就要结束与地面的联系了。左脚马上就要跟刚才接触的地方告别了，这时请大声说："告别。"当左脚的脚掌与地面分开，脚趾最终与地面分离后，请大声说："放开。"左脚离开地面后，把它再在空中稍微抬一段时间。

　　接下来，第一个循环结束，下一个"前进—探索—到达—抓牢—告别—放开—前进"的循环从左脚重新开始。

　　这些词语在让人放慢走路速度的同时，也象征着不断向前的生活。我们可以看到，"行走"意味着生活，而脚下的路则意味着目标。这样的比喻虽然已是陈词滥调，却是一句可以亲身体验的真理。我们在前进的时候越专心，在生活中就越有正念。

个人笔记：..

....

....

....

....

....

....

音频练习 2- 回顾

练习小结： 你邀请他人和你一起，共同站在外部看向你的内心世界。
在此之后，你可能还对内心世界的边界进行了调整。

现在，请你听着音频再做一遍这项练习。这次做练习的时候，你进展如何？在练习刚开始时，你内心世界的大门看起来是怎么样的？和上次相比，它是否已经有所不同？你还想把它调整成你理想中的样子吗？这些改变是在做练习的时候就已经出现了，还是等练习做完一段时间后才出现的？

在第一次做练习时，你选择了谁跟你搭档？你后来有再见过他或者和他说过话吗？和他搭档的感觉怎么样？你认为，他是否能感知到你内心世界的大门？你对此感到高兴吗？

当 A 在外部世界看着同样身处外部世界的 B，思考 B 对 A 有着怎样的看法时，称为"认知观点采择"。对此，还有另外一个专业术语叫作"心理理论"（Theory of Mind，ToM）。

你可能已经发现，你对每个人进行认知观点采择的难度并不一样。请思考一下，一天中你有多少次能够确信，自己清楚地知道别人对你或者对某件事、某个人的看法？你每隔多久会验证自己了解到的内容？你怎么断定自己"清楚地知道别人的想法"？你会有针对性地去询问吗？

在意识到或者认为他人对你内心世界的边界或大门持有批评态度时，你感觉如何？这种感觉会让你产生怎样的感受，或做出怎样的事？他人的想法对你来说有多重要？如果他人对你的自我边界持有积极看法，会对你产生怎样的影响？

借助认知观点采择，你能想象出对方是否有着行动的冲动吗？你能否认识到自己对对方行动的反应模式？这次你有没有做出不同的反应？

你内心世界大门的外观是否有了改变？如果有，这种改变是在你第一次听音频时出现的，还是在几天之后？在练习时出现的这种新外观，在接下来的几天中是否也能自动出现，还是必须要有意识地想着它才会出现？你还记得它出现时的具体情境吗？
你当时是在沉默状态、暂时停下手头事情的状态，还是经过了
良好的准备之后？以上这些问题均有助于你有意识地认知自我
边界。

个人笔记： ....

....

....

....

....

....

....

99

日记练习 2- 回顾

作业： 这个练习请你每天做 1～5 次，每次都要在脑海中想象自己
处在他人的陪同下。想象有一个人对你有着积极的看法。现在，
你正在和这个人一起从外部看向你的内心世界。

你肯定已经注意到了，这项作业是为了配合音频练习 2 而设
置的，目的就是训练你的认知观点采择能力。这项练习与音频练
习的区别在于，你在做日记练习时应该试着去想象，你的搭档对
你始终抱有积极的看法。对有些人来说，这么做很正常，甚至已
经变成了一种自然而然的行为，因此这种人拥有良好的外部自我
形象。但对另一些人来说，这样的做法是全新的、不同寻常的。
他们习惯性地相信，别人对自己怀有负面看法。这种自动化的思
维模式已经变成了一种人际交往时的无意识行为，但可以通过针
对性训练或神经生物学的方法破除。

这些训练或方法会打破已经固化的神经通路，将外部刺激信
号还原，然后引导其进入更适宜的通路。青少年如果常常听到别

人说自己又笨又蠢，就会将这种人际交往的交互作用内化，丧失识别他人对自己正面评价的能力。能够认识到这种思维模式是消极负面的，就已经成功了一半。摆脱这一自我毁灭模式的下一步，就是去练习与之相反的做法，正如你在上一周所尝试的那样。

你是否也在自己身上发现了类似的消极思维模式？你知道它来源于何处、存在多久了吗？他人对你的负面看法涉及生活的方方面面，还是只有某一个方面？这些负面评价是针对你在数学课或英语课上的成绩，还是针对你的外貌和行为？

如果你在阅读这段话时出现了某些情绪，不要尝试去排斥它们。也许你会因为清晰地意识到了他人对你的批判而感到悲伤；在面对批评的话语和严厉的目光时，你也许会像小孩子一样感到受伤；你或许还会对批评你的人产生愤怒。这种愤怒和你亲自经历他人对你的批判时的愤怒一样吗？请接纳这种愤怒的情绪，它很可能已经在你的内心世界里存在了很多年。现在，当你再次把目光投向这些愤怒和悲伤的感受时，可以有意识地为它们在内心世界里找一个更好的位置。这一点我们稍后还会再谈到。

你有没有对自己说过一些友好的、让自己感到愉快的话？你对自己的外貌、某些特定的能力和品质是否只抱有积极的看法？
这些看法是你现在的真实想法，还是只是曾经听别人这样说过？
在完成这项练习的过程中，请试着找出自己的内在美和外在美。
你会在自己身上找出很多有价值的东西，这些东西的数量远比你
过去所相信的更多。

个人笔记: ....

....

....

....

....

....

....

理论指导
正念与身体感觉

注意力

我们已经有所体会，把注意力放在不同位置时，我们对自己的内心世界和外部世界中的人和事也会有不同的视角（Blaser，2012）。保罗·利斯曼在《赞美边界》（*Lob der Grenze*）一书中写到，边界的特征是可以从两个方向跨越（Liesmann，2013）。在正念过程中，我们可以跨越精神上的自我边界。西格尔曾经写道："正念是一个让能量和信息集中在大脑的过程。正念过程能够改变大脑的活动，进而改变大脑的结构。正念既可以有意识地进行，也可以无意识地进行。在我们无意识地进行正念时，并不清楚能量和信息是怎样流动的。"（Siegel，2012）汉瑟说："正念包括三个方面：在感知过程中抓住信息、用新信息激活感知器官和寻找适量刺激。"（Hanser，2010）

在本章中，我们将研究以下问题：当我们把注意力从外部世界转移到心理上的内部人际交往空间（我们的感受、表象和个人经验都存在于这个空间）时，会发生什么事？

当我们带着注意力进入内心的花园时，便找到了自我。很多长时间没有涉足内心世界的人在进入自己的内心花园后，都觉得像是"回家了"一样；他们感受到了一种极大的幸福感，同时也心怀感恩。有很多人总是在不断追寻，工作时不停奔忙，经常更换生活伴侣，也经常搬家。其实他们都在无意识地追寻自己的内心世界。他们常年徘徊在外部世界中，内心所求的不过是找回自我。

正念减压疗法

当我们将注意力关注的焦点转移到内心世界时，就是与自己在一起，身处内心世界的正中央，处在"正念"的状态。从空间上来看，正念表示我们正处于自己所关注的内心世界中。你将发现，正念会让你认知事物的过程变得截然不同。它并不是要把我们的思想引向另外一条道路，而是意味着，我们要与自己的感官重新联结，这样一来，我们在观看、倾听、触摸、品尝和嗅闻事物时，就会感觉仿佛是第一次接触到它们（Williams，2011）。

美国的乔恩·卡巴金教授研发了本书"课程设置"中提到的正念减压疗法。他将正念描述为一种意识：只关注当下时刻，而不对从该时刻到下一时刻的发展经历做出评判（Kabat-Zinn，2003）。正念意味着，人们知道自己此时正在经历什么，但无须对自己所经历的事进行评判（Germer，2011）。

体知

当我们与自己在一起时，可以从内心世界的内部出发，在身体上与自己的感受、内心表象和经验建立联系。从内部与一次经验或一种当下的感受建立联系之后，我们会注意到身体产生了一种感觉。简德林将这种身体感应称为"体知"（Gendlin，1998），佛教徒则称之为"感觉基调"（feeling tone）。产生良好的身体感应时，我们的呼吸会变得平稳而深沉，肩膀会更轻，胃里也会觉得很舒服。

右侧前脑岛在人们感知与情绪有关的身体感觉过程中，起到了十分重要的作用。这个大脑区域对意识的产生至关重要（Craig，

2009）。在经验丰富的冥想者的右侧前脑岛中，灰质（神经细胞）数量显著多于对照组（Ott，2010）。研究者让实验被试每天进行正念减压疗法的冥想训练，8 周之后，可以检测到被试大脑的多个区域发生了变化（Hölzel，2011）。

正念可以让我们的思维变得更加清晰，也可以让我们在内心纯净无瑕的状态下观察生活。它给我们创造了一个空间——一个用于观察的观测点（Williams，2011）。从内心世界的内部，我们既可以专注地观察内部（正念自省），也可以专注地感知外部世界（见图 3）。

冥想

通过冥想，我们可以有针对性地训练自己的注意力。我们已经看到，从神经生物学的角度来看，不需要太多的训练就可以产生可观测到的改变。从佛教的角度来看，正念训练是无止境的，我们永远有可能获得更深刻的见解。

本书所介绍的为期 8 周的"自我边界训练"并不属于正念训练。对自我评估问卷的研究表明，为期 8 周的自我边界意识强化

图 3：图中的女士从内心世界的内部，沿着箭头 1 的方向专注地观察自己内心世界
的感受，沿着箭头 2 的方向专注地观察外部世界的事物。

训练可以提高人们的正念水平（Blaser，2017）。按照注意力空间模型的逻辑，这也很容易理解。为了获得一种专注的精神状态，我们必须进入自己的内心世界。当我们集中注意力，便已经或有意或无意地从外部跨越了自我边界，到达了内心世界。只有具有自我边界意识，才能做到这一点。

我们是否与自己在一起？我们的注意力是否集中在内心世界的内部？自我心理边界对于回答以上问题是必不可少的。如果自我边界不清晰或者有部分残缺，就无法回答以上问题（Blaser，2012a）。有了清晰的自我边界，即使你没有进行有意识的冥想，在训练结束后也会变得能够更加专注地感知这个世界。

音频练习 3- 准备

进入自己的内心世界并非对每个人来说都是一件容易的事。有些人会因为害怕面对过去的伤痛而避免进入内心世界。在接下来的这个练习中，你将进入内心世界。但是请注意，这个练习并不是要你在内心世界中散步，而是要求你在进入内心世界后转过身，从内部看向大门。无论你是在内心世界还是外部世界，重要的不仅仅是注意力关注的位置，还有它的方向。在这个想象练习中，你将从内心世界的内部看向外部。我现在先不告诉你，你会看到什么东西在外边。

在尝试这种全新行为的过程中，你也许会有意识地感知到情绪和身体感觉的变化。你将学会如何有意识地从身体上对自己与外界的联系进行感知。你在练习中所获得的经验，将让你能够在日后更轻松地与他人划清边界。在接下来的几周中，你将觉得拒绝是一件越来越容易的事情。这就引出了第 3 周的作业。

99
日记练习 3- 准备

作业： 你今天一共说了几次"不"？列举你想要进一步观察的情境。

　　在第 3 周的练习中，你将专注于如何拒绝他人。小孩子在 2 岁左右就会到达所谓的"叛逆期"。在这个年龄，孩子不自觉地了解了"自我"，发现了自我边界的存在。于是，他们便开始站在内心世界的内部划出一条边界，以便对内心世界和外部世界进行区分。他们会说："我已经 2 岁了，我要学会说'不'。"如果幸运的话，他们到了 3 岁或者再大些时仍然会一遍又一遍地重复这样的话语。著名的意大利女演员索菲亚·罗兰（Sophia Loren）在她 80 岁生日接受采访时表示：自己到了 80 岁仍然是一位非常重要的人物，因为她会用许多语言说"不"。

　　请注意自己在本周以及之后的日子里是怎样提出拒绝的。很多人从来不说"不"，总是说"好的"。当别人有需要时，他们总是在一旁等待伸出援手。这是一种不健康的利他主义。很多人在拒绝他人时会感到良心不安，因为他们觉得自己太强硬、太自私了。你已经了解到，我们有时无法向其他人展示自己的边界。当然，这里也存在文化差异。在某些文化中，孩子不能拒绝父母的要求，必须在任何时候都服从父母，如果拒绝了父母，孩子就会受到惩罚；在另外一些文化中，人们可以清晰、大声地表达自己拒绝的意愿；在一些亚洲国家中，拒绝的意愿则不能通过言语直接表达，而是要通过面部表情和肢体语言巧妙地传达出来。

在本周的练习过程中，你需要注意自己是如何表达拒绝的意愿的：是很有技巧，还是直截了当？是以一种开玩笑的方式说出来，还是几乎无法让人听到？是很坚定的，还是小心、谨慎、压抑的？你在工作环境下说出的"不"跟在家里说出的"不"一样吗？你对领导说"不"时的声音是不是比在家对孩子说"不"的声音更小？你有没有遇到过为了爱而不得不拒绝他人的情况，即使在预想中这样做会破坏你和对方之间的良好关系？是否有一些拒绝的话语，是你吞吞吐吐不愿意说出的？是否有另外一些拒绝的话语让你格外偏爱，很想像歌剧演员一样放声唱给所有人听？

接下来，你会进行一些有趣的观察，并且获得尝试说"不"的机会。我也会参与这个练习，而且我在现在的这个年纪依然会一次又一次地说"不"。

个人笔记：

作业： 你今天一共说了几次"不"？列举你想要进一步观察的情境。

	情境描述 （用关键词描述）	你对谁说了"不"？	你是怎样说出这个 "不"的?
第1天			
第2天			
第3天			
第4天			
第5天			
第6天			
第7天			

你说出"不"字时或之后的感觉如何?	你在当时或者现在依旧能感知到哪些情绪?	当你接纳这些情绪时,感觉如何?

第 4 周

发现内心的美好

热身练习 4

　　我们仍然以一项热身练习开始第 4 周的内容。请仔细阅读练习说明，然后试着按顺序记住练习中的问题。如果一下子记不住，也没关系。毕竟，你肯定还有机会重复这个练习，并把它融入到自己的日常生活中。

> 　　请你对过去的几天或一两周进行回顾。在这段时间里，你有没有过自我感觉良好的时候？有没有哪个情境让你感觉很好或者特别好？也许你现在正处在一个艰难的人生阶段，少有美好而轻松的时刻。如果是这样，请将回顾的范围再向过去延伸，直到你能从记忆中找出一段美好的经历为止。但是，也许你应该先暂停一下，因为你可能会发现，自己最近所经历的美好时刻远比想象中更多。这些美好时刻也许都很普通，比如听到了悦耳的鸟叫声，看到了正在玩耍的孩子，感受到了温暖的阳光，或者喝了一口清凉的水；也可能是在树林里悠闲地漫步，和朋友打了一通有趣的电话，或者和陌生人的一次美好而短暂的相遇。

在做练习时，请挑选出一个让你感觉良好的情境或一个美好时刻，让它在你的脑海中形成具体的表象：你当时在哪里？具体在哪个房间，在房间里的什么位置？站在这个位置上，都能看到什么？房间里是暗还是亮，点着灯还是有阳光透过窗子照射进来？当时几点了，是早上还是晚上？你是自己一个人吗？附近还有没有其他人，他们都在哪里？你当时的身体姿势是什么样的，是站着、坐着、走着，还是在忙什么事情？其他人都在干什么？你当时听到了什么？有没有背景音？教堂的钟声响了吗？电视机是开着的吗？有没有人说话的声音，或者水烧开的声音？周围有没有什么气味？这些气味闻起来是什么样的，是春雨过后草叶发出的清香，还是一杯茶或者餐桌上食物的香味？你当时是要吃东西，还是要喝酒？

在脑海中构建出准确的表象后，请闭上眼睛，想象自己此时正处在这样的情境中。你可以想象自己坐在树林边缘的长椅上，或者手里捧着一杯热茶，或者正在听着朋友热情洋溢的笑声……总之，你的想象要跟你所选择的情境相匹配。适应了这个情境之后，接下来，请你试着从身体上感受它。

这并不是要你去回忆那时的感觉，而是要感知当下，也就是你在想象那时的情境时的感觉。在你与想象中的情境建立了联系之后，身体有哪个部位会产生某种感觉吗？这个部位是在身体的内部还是表面？这种身体感觉会占用体内的很多空间吗？这个空间有多大？是像鸡蛋那么大，还是像橘子那么大？它是圆形的、方形的，还是平面的？这种感觉有温度吗？是热的还是冷的，抑或是温暖的或凉爽的，令人感到舒适？请你密切关注这种身体感觉。它会在体内移动吗？它会膨胀、发散，还是有节奏地移动或波动？

如果这种感觉有某种特性，它会是什么样的？是液态、气态的，还是像柔软的海绵，或者像坚硬的木头、石头、金属那样？请仔细倾听这种感觉，不要去想上述所有问题的答案，也不要对自己所感知到的东西进行评判。假设这种身体感觉是圆形的、液态的、有节奏地波动的、向外延伸的、温暖的，体积有一个橙子大小，那么它的上半部分有颜色吗？现在，请看看它是什么颜色。当然，你不必对此做任何解释说明。

现在，你与过去的美好经历建立了身体上的联系，又能够准确地感知和描述这种身体感觉，请赞同这种感觉。请你这么说："我现在能够有一种圆形的、液态的、有节奏地波动的、向外延伸的、温暖的、体积有一个橙子大小的身体感觉。"请你无条件地赞同这种身体感觉。这种感觉很不错。

当你对这种令人愉快的身体感觉表示赞同时，会出现什么情况呢？它的颜色会发生变化吗？它会更温暖吗？会继续向外延伸吗？或者你又在体内的其他地方感受到了这种令人愉快的感觉？你也许会感到双脚有一种令人愉快的瘙痒，或者感觉自己正在微笑。现在，请你带着这抹微笑回到现在、回到书桌旁，然后睁开眼睛，感受当下的时空。在接下来的几分钟或几个小时内，请你让自己的身体继续保持这些令人愉快的感觉。这些身体感觉能给予你力量，滋养你的身心。

ılı

音频练习 3- 回顾

练习小结： 你带着一些美好的、有力量的东西进入了自己的内心世界。
接下来，你在内心世界里转身看向外部世界，看到有人
正朝你走来，想要拜访你。你告诉来访者，自己此刻不
希望被打扰。

　　你是怎样完成这项练习的？你是否尝试过在做练习的同时向
前走动，然后转身？你对此作何感想，觉得很不习惯吗？也许只
有在拥有足够大的空间，而且周围没有人时，你才能这样做。对
于"把外部世界中一些美好的东西带到内心世界"这样的要求，
你有什么想法？你很可能并不习惯。当我们把表象和经验带进内
心世界时，不会考虑任何事情，也不会问自己，这些东西是否有
益于内心世界。但有了新的边界意识之后，我们就可以更有效地
决定，哪些东西最好还是留在外部世界中。

　　什么东西能够触发你锁住内心世界的大门？锁上门以后，你是觉得更安全了，还是更内疚了？如果你感到内疚，内疚的对象是谁？如果大门上还有一扇窗户，看上去合适吗？窗户所用的玻璃是双向玻璃，还是单向玻璃，即只能从内心世界的内部看向外部？

　　你能立即拒绝来访者的请求吗？你觉得对他说"不，你现在不能进来，就连往里面看一眼也不行"很难吗？在表达拒绝时，你是否感受到某种阻碍或抵触？你是如何克服障碍的，是直接将这种抵触情绪忽略掉，还是接纳了这种情绪？

　　当你拒绝来访者进入时，身体有什么感觉？你是感到坚强、骄傲，还是觉得心里不舒服、不确定？如果是后者，在过去的一周中这种情况是否有所改善？你是否感到拒绝他人进入你的内心世界变得越来越容易了？在阅读这几行文字的时候，你是否听见有一个小人在对你说"一定不要让任何人进来"？你认识这个小人吗？知道是谁在对你说话吗？也许你是知道的。这些话很可能不是你自己说的。但是，你应该知道这些话是谁说的，对吗？

　　你觉得，将你所爱的人拒之门外，这件事容易还是困难？有些人认为，父母、伴侣和朋友应该有随时出入他们内心世界的权利。他们觉得，爱与友谊意味着，自己内心世界的大门必须随时向他人敞开。现在，你已经花了一个星期用另一种新观点来反驳这一信条。你对这个实验作何感想？你是觉得实验很成功，新观点让你感到解脱，还是你那严厉的"超我"很快就跳出来反对？你是否注意到，拥有强烈自我边界的人能够收获的爱，并不比任由他人跨越自我边界的人更少？你能否感觉到，拥有自我边界的人会获得他人更多的尊重？在确定访客今后还会回来时，你感觉如何？你喜欢这种美妙的经历吗？还是说你对此并不确定？

个人笔记：..

....

....

....

....

....

....

99
日记练习 3- 回顾

作业: 你今天一共说了几次"不"? 请列举你想要进一步观察的情境。

在过去的一周里,你每天都对自己当天提出拒绝的情况进行了反思。对此,你感觉怎么样?如果你对自己感到失望,我希望你很快会有所改变。你是否惊喜地发现,自己常常能够用恰当的方式表达拒绝的意愿?你注意到自己有很多种说"不"的方法了吗?你是否还发现,自己表达拒绝意愿的方式取决于对方是谁?

你身边是否有这样一种人,他们不需要听你用语言表达,就已经能够感受到你的拒绝意愿了?相反,你身边是否也有这样一种人,他们必须听你直接、清晰地说"不",才能明白你在拒绝他们?后者甚至有可能是你的亲人或朋友,毕竟,他们已经习惯了随时都可以直接进入你的内心世界。然而现在,他们必须适应这样一个事实:你的内心世界突然有了一扇大门,而且这扇大门有时候会对他们关闭。他们会对这扇门作何反应呢?

你尝试过软化或贬低自己的边界吗？你承受住来自他人的压力了吗？无法承受压力时，你是怎么做的呢？是进行自我批评，还是觉得自己是一个失败者？当你提出了拒绝，没有屈服于他人的意愿时，感觉如何？你感到骄傲或喜悦了吗？请你锁上边界大门，再尝试拒绝一次，同时注意自己的措辞、面部表情、身体姿态，以及说话时的语气和语调。接下来，你就能得出结论：也许最好避免跟某些人打交道，因为如果你在面对他们时处理不好自己的边界，你的精力就会被消耗掉。

和哪些人在一起时，你可以做自己？和哪些人在一起时，你既可以敞开大门，又可以将它关闭？这一点你想必非常清楚。你不必为关闭自己的大门而辩解。拒绝的力量可以帮助你重返正途，让你沿着人生轨迹继续前行。

理论指导
同情

同情的定义

《静观自我关怀》（*Der achtsamen Weg zur Selbstliebe*）一书的作者克里斯托弗·杰默（Christopher Germer）对"同情"的定义如下："同情即带有正念的悲天悯人。同情是一种深切感受他人痛苦的能力，而且对此事毫不抗拒，反而怀有希望他人脱离苦海的热切希望。同情是一种积极的情感，既温暖又温柔。具有同情心的人能够感受到自己与他人的联结。"（Germer，2011）在我们的空间模型中，同情是自身与他人间存在的一种专注的情感共鸣。从这个角度来看，同情与物理学上的共振有关。我们将通过一个比喻来解释同情这一概念。

只有当我们与自己同在，感知到自己的情感，对自己的肉身保持觉知，并且持有正念的时候，我们才会产生同情。

吉他隐喻

请想象一下，当你沉浸在内心世界中时，怀里总是有一把吉他。这把吉他代表着你细微的身体感觉。

图 4 中的 B 此时正与自己在一起。她沉浸在自己的内心世界中，与自己的情感紧密相连。她在两周之前失去了一位好朋友，此刻身心都感到十分悲痛。当 A 站在自己的内心世界内部看向 B 时，会与 B 的悲痛情感产生共鸣。B 在身体上有了悲伤的表现，就好像她拨动了吉他上的 D 弦；A 也在自己的吉他上感知到了 D 弦的振动，于是 A 与 B 的情感产生了共鸣。A 感觉到了自己吉他上的 D 弦正在振动；他清楚地知道，自己的 D 弦之所以振动，是因为 B 的 D 弦在振动。A 自己并没有触动悲痛情感的琴弦，他只是通过 B 的悲痛，感知到了这种情绪在自己的身体上引发的感受。从这个意义上来说，同情即是共鸣。我们稍后将会讲到，同情与共情有着很大的区别。人类的大脑中有特定的区域和神经细胞（即镜像神经元）负责感同身受。

正如我们在图 4 中所看到的那样，A 和 B 必须身处各自的内心世界，并能够感知各自的吉他上的振动。只有这样，他们之间

人际空间

A 的内心世界

B 的内心世界

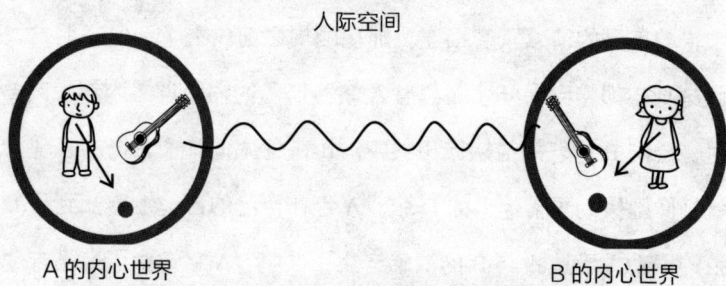

图 4：同情——A 与 B 的情感产生了共鸣

才能够产生同情。B 的吉他弦可能是由钢丝制成的，A 的吉他弦可能是由尼龙材料制成的。尽管 A 和 B 的琴弦材质不同，但它们依然能够产生共鸣。也就是说，A 在怀有同情心时必须面对自己的悲痛情绪。然而，我们往往无法忍受那些令人不快的身体感受，因此每当这时就会离开自己的内心世界。这一点将会在下一章讲到。

同情也可能产生于你自己的痛苦之弦被拨动时。比如，A 在四周前也失去了自己所爱的人，而这时他又感受到 B 吉他上的 D弦振动，于是与 B 产生了联系。但是，A 可能并不想让自己的悲痛情感与 B 产生共鸣，于是选择离开自己的内心世界。

情感接纳

同情心的前提是，必须接纳并认同自己的"吉他弦"。如果A 能够接纳与自己的 D 弦相匹配的悲痛情感，就能更好地应对 B的 D 弦所带来的情感共鸣。这就是为什么治疗师总是收到建议，要先"在自己身上下功夫"。在对来访者产生同情的情况下，治疗师无法忍受的"琴弦"越多，可能就会越发频繁地离开自己的内心世界。这就导致在心理治疗的过程中，某些话题可能会被治疗师无意识地排除在外。即使你不是心理治疗师，学会同情对于你跟自己的伴侣、孩子和朋友们的相处也非常重要。

我们也可以将这个逻辑颠倒过来。正念训练、练习进入内心世界和学会接纳令人感到愉快和不快的情感，可以使同情心自动增强。这便是佛教所说的"慈悲"。即便没有任何宗教信仰，我们也可以开展正念训练。我们首先要以专注和富有同情心的方式去了解身边的人；只有做到这两点，我们才能以温和而充满爱心的方式对待身边的人。

音频练习 4- 准备

微信扫码获取音频练习

　　这个练习持续的时间大约为 8 分 18 秒。做练习的时候，你需要集中注意力到达自己内心世界的正中央，并且要自觉建立你与自己身体的联系。这一过程涉及瞬间的身体感觉和对自己内心的专注感知。关于如何调整练习的效果，你已经有了一些经验。我相信，你一定能够调整好自己的状态。

99
日记练习 4 - 准备

作业： 请尝试每天有意识地关注自己身上一种美好或让你感到愉快的
感觉。

在本章开始时，我们进行了一项练习。这项练习要求你从内
心世界内部将自己与一段美好的经历联系在一起，并对当时（做
练习时）所感受到的身体感觉进行感知和描述。这次作业的目的
则是让你在立足当下的同时，有意识地对令人愉快的身体感觉进
行感知。一方面，你可能会更经常地意识到，当下的时刻是美妙的；
另一方面，你在此后也能学会如何将注意力集中到已经经历过的
事情上，并对过去的经历进行反思。但首先，你需要学习如何赞
同令人愉快的情感。你会注意到，这项日记练习能够对你产生很
大的影响。很多参与者都把这项日记练习当作每晚入睡前必做的
事情。希望它既能让你感到惊喜，又能丰富你的日常生活。

个人笔记： ....

作业： 请尝试每天有意识地关注自己身上一种美好或让你感到愉快的感觉。

	情境描述 （用关键词描述）	你是怎样注意到自己身上有一种美好的感觉的？	你在身体的哪个部位感受到了这种美好的感觉？
第 1 天			
第 2 天			
第 3 天			
第 4 天			
第 5 天			
第 6 天			
第 7 天			

请尝试对这种感觉进行描述。	你能够赞同这种感觉吗？请再次尝试感知并赞同这种感觉。	当你赞同这些感觉时，觉得怎么样？

第 5 周

传播美好

现在，你已经进入到了为期 8 周的心理训练的后半部分，完成了 4 周的训练。也许你花费的时间不止 4 周，但不管怎样，你都已经学到了很多东西，尽管这些东西可能不会让所有人马上注意到。很多人在参加训练 4 周后就已经感受到了明显的变化；他们也能感受到自己周围的环境所发生的变化。即使你没有注意到以上任何一点，也无须担心，因为在接下来的 4 周里，还有很多事物会"动起来"。这意味着，事物会朝积极的方向发展，并且会帮助你建立一个运转良好的自我边界。请你继续坚持，并每天抽出 20 分钟的时间进行与自我边界相关的训练。

ⵣⵣⵣ

热身练习 5

同过去的几周一样，这周我们还是以一项热身练习作为开始。新的一周开始时的热身练习可以看作入门训练。你可以根据自己的情况决定这项练习要做几次（见图 5）。

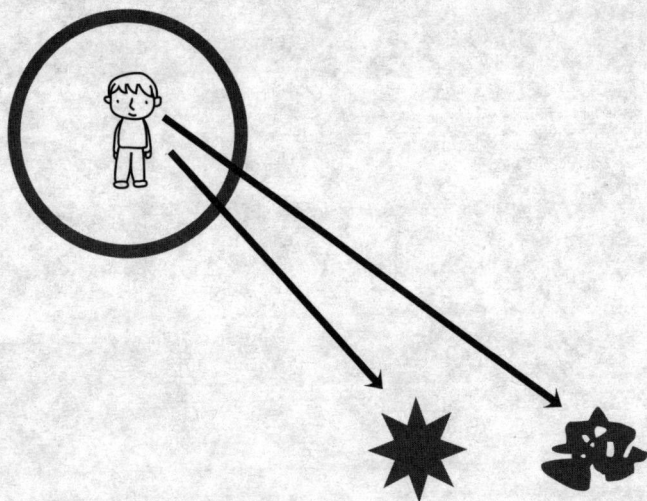

图 5：你正在观察一个让你感到愉快的事物（星星）和一个让
你感到不快的事物。

找一个能让你免受打扰的房间或地方，坐下，然后闭上眼睛，用你自己的方式直达内心世界的中心。不要着急，慢慢来，按照自己的节奏行动即可。当你与注意力一同抵达内心世界时，请让注意力在自己的身体感觉上停留一会儿。赞同自己的身体感觉。现在，请你睁开眼睛，让注意力跟随目光。这意味着，你想看哪里就看哪里，不必对自己所看到的事物进行理解或评价。你只需要跟随眼部的运动，看看视野中出现了哪些事物。让目光在房间中游移，当然在此过程中，你也可以转动头部或上半身。如果在视线范围内找到了让你感到愉快的物品，请让目光在这件物品上稍作停留。你不必对这件物品命名，也不必寻找形容词来描述它，更不必去思考为什么看到它让你感觉良好。在注视这件物品的同时，你也需要对自己的身体进行感知：你的呼吸情况如何？体温是高还是低？脸上有什么感觉吗？只要感知即可，其他什么也不用做。

在注视这件物品一两分钟后，让目光再次自由移动。和刚才一样，你只需跟随目光的运动轨迹，在此过程中不必有任何思考。在巡视房间时，如果看到了让你感到不快的物品，也像刚才一样稍作停留；同样无须思考和解释，为何你在无意之中看到的这件物品会让你产生不快的感觉。在注视这件物品的同时，关注一下自己的身体感觉：在呼吸过程中，腹部有什么感觉？腿部是否感受到了一种想要动起来的冲动？一两分钟过后，将注意力再次转回到刚才让你感到愉快的物品上，第二次对这件物品进行感知。你的身体感觉如何？是和刚才一样，还是变弱了，又或者是感觉完全不同？除此之外，你在体内还能感受到其他感觉吗？大约一分钟后，请你再次闭上双眼，来到自己内心世界的中心。在经历了刚才的观察和感知练习后，你现在感觉怎样？在结束这项热身练习之前，请多花点时间，思考一下这个问题。

音频练习 4- 回顾

练习小结： 你站在内心世界的中心，查看了将外部世界隔开的边界，然后从内心世界内部对这条边界进行了修补与调整。你在内心世界中找到了一些美好而有价值的东西，并且产生了相应的身体感觉。

　　在热身练习 5 中，你从内心世界的内部看向外部，并注意到了身体在感知外部世界时是如何做出反应的。在热身练习 4 中，你在内心世界的内部回想起一段个人经历。由此你可以确定，发生在内心世界内部的专注感知也能产生身体感觉。在进行音频练习 4 时，你在内心世界的中心自由地环顾四周。你并没有刻意地在内心世界内部与发生在过去的经历建立联系，只是让目光自由地游移。

　　通过上述练习和你的个人经验，你知道自己可以自由选择和控制注意力的方向。你在内心世界中所获得的不期而遇的美好事物是完全属于自己的。在内心世界内部与美好事物建立联系并保持专注，可以给予我们减轻身体痛苦的力量，也能让我们感受到一种在家的舒适感觉。

在日常生活中，你也可以多多回想自己在这项练习中所发现的宝贵事物。尝试一下吧，也许在这个过程中，你能够找到更多给予你力量的东西。

个人笔记： ....

....

....

....

....

....

....

99
日记练习 4- 回顾

作业：请尝试每天有意识地关注自己身上一种美好或让你感到愉快的
感觉。

你也许已经注意到了，我们在热身练习 5、音频练习 4 和日
记练习 4 中，致力于让你感到愉快。人类更倾向于有意识地去了
解不愉快的情感和身体感觉，也更倾向于将注意力集中到这些不
愉快的感觉上。我们一方面想要尽快摆脱它们，另一方面又会专
注于此，这本身就是一种矛盾。在接下来的理论部分，我们还会
谈到那些试图摆脱不愉快感觉的人，他们也犯了同样的错误。

尽管疗养酒店能够为我们提供舒适的按摩、精美的食物和奢
华的氛围，尽管很多人也乐在其中，但我们很少能够真正与自己
的愉悦情感产生联系。只有在特殊情况下，我们才能意识到自己
拥有宝贵的、愉悦的情感。

在过去的一周里，你是否将自己的注意力更多地集中到了那

些让你感到愉快的情感上呢？你是否从内心世界内部赞同这些愉快的情感？现在，我能够感觉到，我的肩膀非常轻盈，双腿间有一股暖流，脸上挂着微笑。

当你赞同这些愉快的情感后，还发生了什么呢？你注意到了这些愉快的情感是如何在身体中扩展的吗？通过引导注意力和赞同一些令人愉快的情感，你就可以有意识地、有针对性地改善自己的身心状况，这不是很好吗？知道你有这样一笔财富可供自己随时使用，不也是一件很美妙的事吗？

享受这些让你感到愉快的情感吧，然后想办法让这些情感不断增加。增加之后要做什么？当然是把它们传递给你的孩子、父母、兄弟姐妹、朋友、同事、邻居，甚至是在街头碰到的陌生人。

理论指导

走向外部世界

到目前为止，我们主要谈论的都是如何与内心世界建立联系、如何接触自己的内心、如何从外部世界进入内心世界，以及如何从内心世界内部看向内部和外部的世界。

在这一周，我们将探讨如何带着注意力离开内心世界，来到外部世界。

迈向外部世界的第一步

让我们从出生开始讲起。我们很可能是在内部精神世界，即内心世界的花园中出生的。可以肯定的是，在出生后的 18 个月内，我们几乎无法带着注意力离开内心世界。可以说，当 1 岁半的孩子站在镜子前观察自己时，他才第一次成功地从外部世界认清了自己。你可以找一个小孩子进行测试，在他的额头上点一个红点。你会发现，2 岁的孩子会在照镜子的时候，试着把额头上的小红点擦掉，而 1 岁的孩子则不会。就连大猩猩和黑猩猩也能在镜子面前认出自己的镜像，并且在看到额头上的小红点时，尝试擦掉它（De Waal, 2009）。人类和猿类在生命初期，即出生后的前两年，发展过程几乎是相同的，此后才有了不同的区别（Süddendorf, 2014）。人们推测，海豚和乌鸦也已经迈出了进化过程中这革命性的一步；而猫和狗在面对镜子时则会无视额头上的小红点。

解离

当我们让注意力停留在外部空间时，就切断了自己同内心世界中的感受及个人经验的身体联系。注意力转移到外部世界时，我们无法与个人感受和经验建立身体联系，也就不会产生身体感觉。用吉他隐喻来解释，也就是说，我们既无法拨动自己的吉他弦，也无法让自己的吉他弦与他人的吉他弦产生共振。在心理学中，我们称这种情况为"解离"（dissociation），这种状态往往与病态的精神状况联系在一起。但是，解离并非一种病态；恰恰相反，它是人类的一种相当正常的精神状态。正是在这种精神状态下，人类才能进行反思、分析、计划、理性思考等活动。除了在解离的认知模式下组织、计算、解决问题等，这种认知模式还能激活所谓的"执行功

能"。在"读心"，也就是思考他人有何想法（详见第 2 周的日记
练习和第 6 周的理论引导）的过程中，我们的注意力是放在外部世
界或两人内心世界之间的人际空间中的。最后，对未来或过去进行
思考时，我们也并没有与自己在一起。这种情况下，思考或行动仅
仅是"身处外部世界"和"没有与自己在一起"的外在表达。

进化

　　人类到底是何时迈出了进化过程中这最为关键的一步呢？
我们只能对这个时间点进行猜测。普莱维克（Previc，2009，
2011）认为，关键的一步是由能人在大约 200 万年前迈出的。大
脑中的神经递质多巴胺在这个过程中起到了十分重要的作用，我
们稍后还会提到这种物质。在人类制造工具的过程中，预见能力
是十分必要的。与使用木棍去够远处的香蕉相比，准备一块将来
可以当作刀子使用的石头所需要的认知能力完全不同。普莱维克
认为，城市化进程很有可能促进了人类的认知能力和将注意力停
留在外部世界的能力，令其得以进一步发展。我们在下一周将会
看到，这些能力的发展并未结束：人类似乎正在迈出进化过程中
的下一步。

音频练习 5- 准备

在理论指导部分，我们已经了解到自己是如何带着注意力离开内心世界，踏入外部世界的。我们在"外面"掌握着很多技能，如分析、计划、反思和其他认知能力。在我们走向外部世界的时候，也可以从内心世界里拿走一点东西，比如一种令人感到愉快的情感、一次美好的经历或一幅让人感到舒适的图像。我们可以将这些东西带到外部世界，还可以分享给他人。这意味着，我们可以通过自己的愉快情感和美好经历让身边人和朋友感到喜悦，也可以把一些美好的图像赠送给伴侣、孩子和朋友。这就是你在下一项练习中的任务。你将会逐步学习如何在想象中将"赠送"这一行为和自己的身体感觉联系到一起，以及如何实施这一动作。希望你能在赠送的过程中收获乐趣。

99
日记练习 5-准备

作业： 请尝试每天站在内心世界内部专注地对一个人进行感知。

也许你马上就决定了，想要把内心世界一些美好的东西赠送给谁。也许整整一个星期，你每天都送给他一些美好的东西。也许你还有其他希望赠送"礼物"的人选，而且赠送这份礼物也会让对方感到开心。但是，你知道对方感受到的喜悦有多大吗？你又怎么知道，你赠送礼物的时机是否恰当，以及他就是你想赠送礼物的那个人呢？

如果你站在自己的内心世界中，专注地对他进行感知，就可以轻松回答出这些问题。这就是你本周要练习的事情。也就是说，在日记练习 5 中，你要从内心世界内部专注地对一个人进行感知，对他感同身受。在感知的过程中，你注意力的方向是从内向外的，你要将注意力集中到这个人身上，同时也要服从自己的身体。

当你专注地仔细观察你的孩子、伴侣或朋友时，会产生怎样的身体感觉？你在身体的哪个部位感受到了这种感觉？有意识地进行这项练习，并在晚上及时把自己的感受记录下来，是一件非常有意义的事。

个人笔记：

....

....

....

....

....

....

....

作业：请尝试每天站在内心世界内部专注地对一个人进行感知。

	情境描述 （用关键词描述）	当你专注地看着对方时，在自己的身体内感受到了怎样的感觉？	你在身体的哪个地方感受到了这种感觉？
第1天			
第2天			
第3天			
第4天			
第5天			
第6天			
第7天			

你能在不对他人做出评判的情况下保持这种感觉吗?	你能赞同这种感觉吗?请再次尝试感知并赞同这种感觉。	当你赞同这些感觉，同时也赞同身边的人时，感觉如何?

第 6 周

进入读心模式

⌇⌇⌇ 热身练习 6

　　我们还是以一项热身练习开始。这项练习的内容紧接着热身练习 5，请在上周进行练习的同一个房间里继续做这个练习。一周之前，你在这个房间里经历了一些美好和令人愉快的事，以及一些没有那么值得大说特说的事。在过去的一周里，你站在内心世界内部对外部世界进行了感知，并专注于自己的身体感觉。如果你现在没法回到上周练习的地方，比如出去度假了，或者上周热身练习中那些让你感到美好的东西现在不在这里，请先将上周的热身练习重复一遍。

　　再次完成热身练习 5，或者练习中的两件让你感到愉快和不愉快的物品依然存在时，你就可以开始新的练习了。

　　进行这项练习时，你要在脑海中邀请一个人，并且这个人愿意为你的想象力提供短暂支持。这里的支持意味着，你要让想象中的受邀者和你一起进入房间（见图 6）。请邀请成年人而不是儿童。

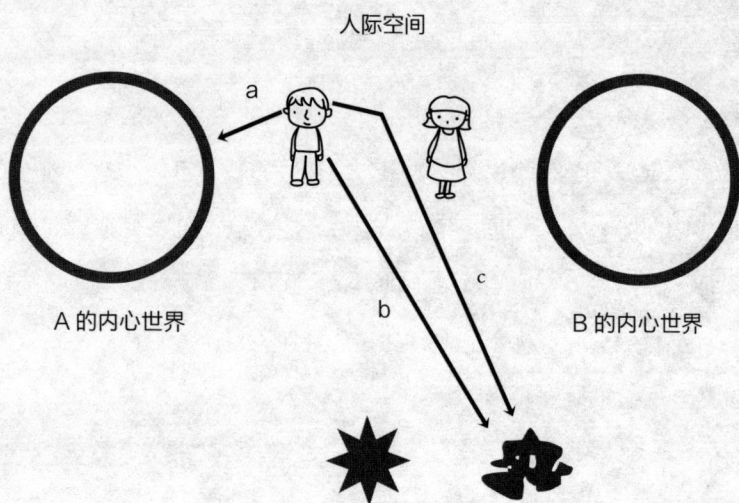

图 6：当你从外部世界看向自己（箭头 a）时，有什么感觉？当你在外部世界中看向一个令你感到不快的物品（箭头 b）时，又作何感想？当你对其他人说，眼前的这个东西让你产生了一种不愉快的感觉，其他人的想法（箭头 c）会是怎样的呢？

选好受邀者后，请坐在一周前同样的位置，然后再选择一个距离自己 3 ~ 5 米远的位置。想象一下（睁眼或闭眼均可），你此时正站在那个位置上注视着坐在椅子上的自己。

接下来，请你带着注意力离开自己的内心世界，尽可能来到你刚才所想象的那个"元位置"。现在，你正在想象中有意识地从内心世界的外部观察自己。对此，你有什么感觉？你都看到了什么？想象一下，你仍然站在距离你的座位 3 ~ 5 米远的地方，并对一周前让你感到不快的物品进行观察。当你站在内心世界外部的一个新位置观察这个物品时，感受如何？出现任何情感都是允许的。

现在请设想，被你选中的受邀者走进了房间，站在你左侧大约 1 米处。受邀者站立的位置是你所处的"元位置"的左侧。你们两个人看向同一个地方，都注视着坐在椅子上做练习的你。如果站在"元位置"上的你稍稍扭头看向受邀者，就能看到受邀者正在对坐在椅子上的你进行观察。你认为，受邀者此时正在想什么？现在，请你向受邀者展示先前让你感到不愉快的物品。当你向受邀者讲述这个物品为什么会激起你不愉快的感觉后，你认为受邀者会怎么想？

最后，请你对受邀者参与这项实验表示感谢，感谢他在这次实验中给你提供的支持。想象受邀者离开了房间；与此同时，你也离开了"元位置"，再次回到座位上坐好。接下来，集中精力关注自己的呼吸。

现在让我们对这项练习进行回顾。一周前，你待在内心世界内部，从房间里挑选了一件令你产生不愉快的身体感觉的物品。从一个不专注的外部视角来看，现在你对这个物品的感知应该与先前完全不同。也许有人会问：这个物品有何特质，能如此让人感到不适？它为什么能引起负面的身体感觉？站在内心世界外部的某个位置时，你可能就会将这件物品的可憎之处相对化，给出"不过就是个插座"这种评价。这时，了解这种相对化的动态过程就十分重要，因为它显示出我们在产生不愉快的身体感觉时，能够以多快的速度带着注意力离开自己的内心世界。通过这种行为，我们可以减轻甚至避免不愉快的情感。

由此可见，赞同所有让人感到不快的身体感觉十分重要。我们可以通过赞同令人不快的身体感觉这一方式，带着注意力留在自己的内心世界中，如此一来，就能在感知到令人不愉快的事物时，依然可以在内心世界中专注地对外部世界进行感知。

　　在这个热身练习的第二部分中，还有一个第三者出现。这个第三者能够拓宽我们的视野，让我们了解到其他感知方式的存在。这种人际间的注意力作用形式，即"读心"，将会在理论指导部分详细探讨。

个人笔记：

音频练习 5-回顾

练习小结： 你从自己的内心世界中找出一段美好的经历或一种愉快的情感，把它赠送给了别人。你敲开了受赠者内心世界的大门，然后把礼物递给了他。

在音频练习 5 的前半部分，你对自己的内心世界进行了探索。你在内心世界中是否找到了强有力的东西？我常常听到学员跟我说，在自己的内心世界花园中找到很多美妙的事物时，他们有多么惊讶。你也许不知道该给别人送什么，毕竟可选择的范围实在太大了。你或许要花费很多精力去寻找一些有价值的东西，而且在过去的一周逐渐认识到，这些东西不像花园里五颜六色的花朵一样可以随便采拾。

能否找到有价值的东西，还跟你的感知能力有关：你最近过得怎样？看到了什么？有没有遇到什么惊喜？你是如何为他人挑选"礼物"的？你知道受赠人的喜好吗？你选择赠送给他的是一段美好的经历，还是一种愉快的情感，又或者是一幅饱含力量的图像？

你是给很多人赠送了同样的东西，还是把很多不同的东西都送给了同一个人？你在赠送礼物的过程中感受到喜悦了吗？你在何处感受到了喜悦？是在赠送礼物的哪个阶段：在选择受赠者时，还是挑选礼物时？在拿着礼物离开内心世界时，还是敲开受赠者的内心大门时？在把礼物递给对方时，还是确定对方也很开心时？谁能想到，送礼物能有这么多步骤呢！

你能否想象出受赠者内心世界的边界？能看到边界上的大门吗？如果不能，你还能把礼物交给他？你又是怎样做到的呢？重新返回自己的内心世界时，感觉如何？你对此作何感想？当你站在外部看向自己的内心世界时，是否知道，你刚刚把自己的东西赠送给了一个你所爱的人？你当时想到了什么？你能否将对自己内心财富的了解带入日常生活中？你在这一周里是否向身边的人送出了很多美好的、有趣的或者有价值的经历？接下来，你要拿这些经历怎么办？

99
日记练习 5- 回顾

作业： 请尝试每天站在内心世界内部专注地对一个人进行感知。

在过去的几周中，你获得了很多与正念有关的经历。现在，我要问你几个比较难的问题。在回顾过去并回答这些问题的时候，你可能需要好好想一想。因为我认为你将来可能会更加频繁地对身边人进行专注的感知，所以并没有在练习的说明部分提到这些问题。

第一个问题：在对他人专注地进行感知的过程中，你是否感觉到对方此时正身处内心世界？当他与自己在一起时，你能否对他感同身受？当他没有与自己在一起时，你与他之间的共鸣是否就无法产生？还记得吉他隐喻吗？

大多数人在专注的状态下，可能都有能力确定其他人的注意力所关注的位置，尽管他们并不是每一次都会有意识地这样做。对他人进行专注感知的过程，与感同身受的能力是有着紧密联系的。当对方与其自身的情感没有联系时，我们与对方的情感共鸣也不存在。

第二个问题：如果在对他人进行专注感知的过程中，你产生了一些不愉快的情感，那么此时，你还能够与自己在一起吗？你能够赞同这些不愉快的情感吗？你是否注意到，一旦赞同了这些不愉快的情感，你就能以更温和的方式对对方进行感知？与此同时，你能否赞同对方的为人？这种赞同也许就是爱的一种形式。

如果以上所述都是正确的，那么对自己的伴侣进行专注的感知，难道不是一件很有意义的事吗？尽可能多地以同样的方式关注自己的孩子，不也就顺理成章了吗？站在内心世界内部，以同样的方式观察那些不太招人喜欢或不太好相处的人，这难道不值得尝试吗？为什么不主动试试看呢？你对最后这个问题有答案吗？我还没有。我只知道，专注能够让你学会怎样去爱。

理论指导
心理理论

心理理论

在上周的理论指导部分，我们探讨了如何离开自己的内心世界，同时也提到了与之相关的一些认知能力。人际交往中的"读心"或者说"心理理论"（ToM）就是其中之一（Frith，2006；Gopnik，1992；Hogrefe，1986）。心理理论是指，我们能够知道其他人正在想什么，即认知观点采择（见图7）。例如，当你在开车时看到一位女士站在斑马线上，就知道她此时想过马路。又或者，突尼斯市场里的地毯商认为，当他告诉你地毯的价格后，你的还价会是他报价的一半；反之，你也会认为，地毯商说出的价格很可能是实际价格的两倍。"读心"在协商、合作、操控和共同谋划的过程中起着非常重要的作用。

很多儿童和成人游戏都是在针对这一点进行训练。国际象棋就是一个绝佳的例子：优秀的棋手能够提前预测出对手接下来要走的几步棋。人类不仅能够在"一对一"的情况下"读心"，甚

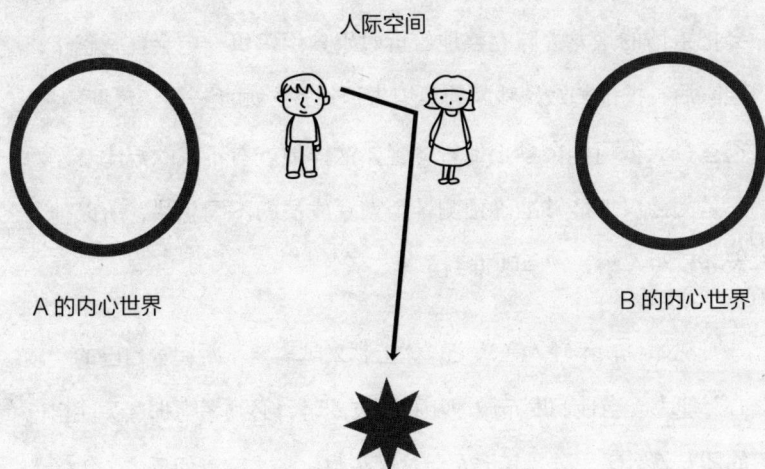

人际空间

A 的内心世界

B 的内心世界

图 7：A 知道 B 此时正在想什么（认知观点采择）

至能够在"一对五"的情况下"读心",也就是说我们可以同时读懂其他五个人的思想。

举个例子：12岁的汉斯正在考虑要不要和偷拿自己东西的妹妹大吵一架。最后，他决定什么也不做，因为他认为妹妹肯定不会把事情的来龙去脉完整地告诉妈妈，但妈妈一定会在爸爸下班回家后，把他和妹妹吵架的事情告诉爸爸。如此一来，汉斯猜测，爸爸今天很可能会禁止他看电视，这样他就看不成欧冠比赛了。正是因为汉斯能够准确预测各个家庭成员的不同想法，所以他今天才暂时忍耐，把争吵推到了第二天。

现如今，年轻人在社交媒体上越来越需要不断完善自己的"读心"能力。当他们发布微博和和朋友圈时，必须考虑那些关注自己的朋友怎么想，以及其他人会对这些照片和文字有何反应。年轻人常常为此感到不知所措，并且对情况做出错误判断，也就不足为奇了。

一项简单的测试

在成长过程中，我们直到4岁才能拥有"读心"的能力。一项简单的测试能够很好地说明这一点：两个成年人（A和B）和一个 3 岁的孩子坐在地板上。他们用一个不透明的黄色杯子扣住一个小球，然后再拿出一个不透明的蓝色杯子，同样倒扣着。等 A 离开房间后，B 把球从黄色杯子下取出来，扣在了蓝色杯子下面。这个过程孩子看得很清楚。等 A 回到房间后，B 问孩子：A 认为球在哪个杯子里？你觉得，3 岁的孩子会怎么回答这个问题呢？是的，3 岁的孩子会说 A 认为球在蓝色杯子里，因为他并不知道别人会怎么想。同样是这个测试，4 岁的孩子又会怎么说呢？他可能就会说 A 认为球在黄色杯子里。黑猩猩和喜鹊等鸦科动物可能也具有"读心"的能力（Emery，2001，2004）。

接下来还有两个例子。

唐纳德和朋友斯蒂法诺一起去瑞士的阿尔卑斯山远足。唐纳德在草地上找到了雪绒花。如果他当时专注地身处自己的内心世界，也许会非常高兴；他会在胸口感受到一股暖流，脉搏也会加快。如果他正处于认知模式，也许会思考：这个季节怎么会在阿尔卑斯山上发现盛开的雪绒花呢？他清楚地知道，如果对斯蒂法诺提出自己的疑问，一定能得到非常详细的解答，因为斯蒂法诺是一位非常熟悉阿尔卑斯山植物的生物学家。唐纳德会根据自己的感受决定是否向斯蒂法诺提出自己的疑问。

另一个例子就是，面试时应该如何穿搭。这个例子你想必非常熟悉。男士可能会思考，打领带会不会显得"过于正式"；而女士则会思考，要穿多长的裙子才算合适。如你所见，"读心"有时会让我们感到不安和脆弱。

理论论：解码陌生的感受

当我们处于认知模式时，对方却可能正站在内心世界中，并产生了某种情感。这种情况下，会发生什么呢？吉他隐喻告诉我们，这时我们会在没有吉他（即无法获悉自己的身体感觉）的情况下，身处外部世界；与此同时，对方则置身于内心世界中，产生了某种情感。当我们带着注意力停留在外部世界时，无法对他人感同身受，无法让自己的吉他弦与对方的吉他弦产生共振。我们能做的，就是尝试对对方的情感进行合理的解码（见图8；Gopnik，1992；Allen，2011）。

例如，某人正因为失去好友而感到悲痛。在这种情况下，我们会试着理性地去理解他的感受。如果他正眼含热泪地谈论着去世的好友，那么就是"1+1=2"——眼泪与谈论逝者的话语加在一起，等于悲伤的情感。

人际空间

A 的内心世界

B 的内心世界

图 8：A 尝试以认知的方式对 B 的感受进行解码

再次回到"吉他隐喻"

或者我们还是可以用吉他来打比方：失去好友的人此时拨动了吉他上的 D 弦，这根吉他弦代表悲伤。如果某种情感十分强烈，正确地对其进行解码并非难事。但如果情感没有那么明显或强烈，解码的过程就会比较困难了，因为这时我们很可能会做出错误的估计。你一定曾经产生过把自己的私密情感分享给他人的愿望，想要邀请一位男士或女士进入你的内心世界，与对方共情。但有时你也会问对方一些理性的、不会让人共情的问题。如果我们处于认知模式，就可能会对一个失去好友的人问出这样的问题："你认识死者多长时间了？你最后一次见到他是在什么时候？你跟他非常亲密吗？"这些问题会让对方感到恼火，因为他原本希望你能与他共情，能够接受邀请进入他的内心世界。可是现在，他却必须在悲伤之时离开自己的内心世界，因为只有这样，才能回答你提出的理性问题。对他人情感的例行解码过程，也被称作"理论论"（Gopnik，1992，1997）。

显然，比起阐释他人的情感，我们对自己身体感觉的感知会更加精准，由此就能更精准地与他人产生共振。我们在自己的内心世界中停留的时间越长，感同身受的能力也越强。

音频练习 6- 准备

微信扫码获取音频练习

　　在撰写练习说明的过程中，我意识到，没有太多想要提前告知你的东西了。如此一来，你就可以在没有背景知识的前提下进行这项练习。在练习开始前，我不会占用你过多的时间。我只想说，这项练习对于你内心的安宁来说非常重要。好了，我说得已经够多了。预祝你接下来能够度过愉快的一周。

99
日记练习 6 - 准备

作业: 每天都确认一下，自己在当下时刻是否在对他人的想法进行
   猜测。

现在，你一定已经习惯了日记练习这种形式。我们的练习每
周都会将重点转移到人际交往中一个新的方面，你要做的就是将
练习中的感受记录下来。在最初的两三天，你可能会觉得坚持下
来有些困难，但你最终一定能习惯这种练习形式。

我们本周练习的重点是"读心"。在练习"读心"时，你需
要将自己的注意力集中在你与对方内心世界之间的空间里。你将
会注意到，识别自己是否进入了"读心模式"并不是一件容易的
事。越快进入"读心模式"，就越能体会到认清自己心理状态时
所产生的喜悦。你首先要确认："我现在要试着去认知对方的想法，
搞清楚对方现在在想什么。"请尝试着理性看待猜测他人想法这
一行为。

你可以问问自己为什么要这样做，也可以将自己与他人进行比较：其他人多久这样做一次？是不是有些人擅长"读心"，而另外一些人则常常会对他人的想法做出错误的估计？在练习刚开始时，请你首先关注自己的"读心"状况。祝你享受"读心"的乐趣！

个人笔记：

作业：每天都确认一下，自己在当下时刻是否在对他人的想法进行猜测。

	情境描述 （用关键词描述）	你能否立即注意到，自己正在采择他人的认知观点？	你对自己采择他人观点的行为有过验证吗？如果没有，原因是什么？
第1天			
第2天			
第3天			
第4天			
第5天			
第6天			
第7天			

当你确定了自己想法的正误后，感觉怎么样？	你"读心"的目的是什么？	对方是否注意到你在对他"读心"？如果是，你感觉如何？

第 7 周

向心与离心

∫∫∫
热身练习 7

和前几周一样，本周我们也先来做个热身练习。请调动所有的情绪，全身心地投入这 8 周训练中的最后一项热身练习吧！

找一个舒适的、不受干扰的地方坐下。关掉手机、电脑、电视、收音机等所有"干扰设备"，但要接纳其他背景噪声，如孩童说话声、交通噪声或鸟鸣声。闭上你的眼睛，以自己的方式，带着对注意力的觉知进入自己的内心世界。专注于呼吸。当下的你，身体感知到了哪些感觉？接纳这些感觉。现在想象一下，在你的内心世界里，在你内心的花园里，有一只气球，正准备升上天空。坐上去，开始你的气球之旅吧。

气球缓缓升起。你低头看向自己的花园，看到了树、花坛、园中小屋和花园的篱笆。再飞得高一点儿，你也会看到身边其他人的花园，还会看到人们如何在园中以及各个花园之间来来往往。有的人相遇后，静静地站在一起待了一会儿，又继续前行。你升得越高，俯瞰的区域就越大。

你看到了森林、河流，甚至大海。一片绿色之中，有一个小点——那就是园中的你，于千千万万个五颜六色的小点之中的你。你看到了很多相似的小点，他们都是你身边的人，跟你一起组成了这个现实世界的一部分。你看到了这些小点之间的关联，有些人长得很像，有些则完全不同，有的个头很高，有的很矮。你是他们之中的一部分。从这个高度，你可以清楚地看到这一点。也许你认为，上帝就是这样看待人类和世界的。也许你和第一批宇航员一样，正在被地球上的景象所震撼。

然后，气球又慢慢下降。你看到了更多细节。你又认出了那些草和树，明白了万物都有自己的位置。轻轻地，气球再次降落在你的内心世界。你从气球上下来，回到了"这里"。你感觉到了脚下的土地，深吸一口气，过一会儿再睁开眼睛。

音频练习 6- 回顾

微信扫码获取音频练习

练习小结：你已经在自己的内心世界里创造了一个安全的封闭空间。接下来，你邀请一位自己所爱的人进入了你精神层面的内心世界。

你是否已经为自己沉重的经历、感受和那些难以承受的表象创造了一个可以安放它们的空间？是否已经建成了一座美好的园中小屋、一顶帐篷或一个保险箱，让你得以充满爱意地随时看向它们？这种对自己痛苦经历的温和审视，能让你更容易接受自己的命运。你注意到这一点了吗？接纳自己的痛苦，就能释放出更大的能量，带给我们拥抱新事物的力量，激发我们重塑内心世界的灵感。

你是否已经将那些经验和表象寄放在了园中小屋里？当你发现内心世界中突然腾出了新的空间，可以拥抱新的事物时，是什么感觉呢?

你把园中小屋的门锁上了吗?除了你自己,任何事物、任何人在未经你允许的情况下都不能擅自闯入小屋——知道这一点,我们才能拥有一种内在的安全感。很可能在接下来的几周、几个月甚至几年里,你会不断地在内心世界中与旧的经验、感受和表象重逢,你终于能够给它们一个最后的安息之地了。你不需要再惧怕那些旧经验,可以将这些被重新发现的过去存放在园中小屋中的某处。

我们在精神、心理层面的内心世界是变化的、可塑的,最重要的是,它也是值得被享受的。我们应当能够在自己的内心世界中舒适地安然自处。现在,既然这个偌大的内心空间摆脱了痛苦和威胁,就可以再次邀请客人进入我们的情感世界,与他们分享那些让人舒适的表象、美好宜人的经验、坚定的信念和美妙的感受。我们可以带给他们力量,并为自己当家做主的角色感到高兴。接下来,你想邀请谁进入你的内心世界?还是说你已经这样做了?能与爱的人分享自己宝贵的东西,感觉如何?

客人会说,你的园中小屋很漂亮,他很喜欢。客人还可能会问屋里放了些什么。你会回答："就是那些园艺工具，铲子、耙子、修枝剪之类的。"你知道，这是正确的答案。因为任何人都不允许进入你的小屋，即使是伴侣或孩子。小屋里的一切都属于你，也只属于你。

个人笔记： ....

....

....

....

....

....

....

99
日记练习 6- 回顾

作业： 每天都确认一下，自己在当下时刻是否在对他人的想法进行
猜测。

你的"读心术"练习进展如何？你能否立刻发现自己在以他
人的认知视角看待问题？你有没有注意到自己进入这种模式的速
度和频率，也许更多的时候是事后才发现这一点？你有没有再次
审视自己对对方想法的假设，还是你自动认为自己的假设是正确
的？你什么时候会意识到自己的假设不正确？你"读心"的动机
是什么，是想帮助、迁就、支持对方，还是主要考虑到如何让情
况对自己有利？

你是否注意到了，别人也在对你做同样的事情，自以为知道
你在想什么？对你来说，那是什么感觉？你是如何回应的？你会
纠正错误的假设，还是明知对方错了仍然保持微笑？你是否也注
意到了，并不是所有人都同样擅长此道？有的人总在担心别人想
什么，却总是日积月累地做出错误的假设；有的人心怀正念，很

少在意别人的想法，对待别人的态度是温和的、同情的。也有一些"读心天才"，清楚地知道对方现在想听什么、应当如何奉承对方，或者如何在谈判中达到自己的目的。有的人利用"读心术"操纵他人，确保自己大权在握。有些政客是真正的"读心艺术家"。经过一周的观察，你觉得自己的"读心能力"是否还有发展潜力？

个人笔记： ....

....

....

....

....

....

....

理论指导
测量与内心世界的距离

解离特质量表

正如上一周所述，我们可以让注意力离开内心世界，到精神层面的外部世界去。现在我们将要讲到，我们与内心世界之间的距离，起着至关重要的作用。图9中的粗圆圈代表着我们精神上的内心世界。横线是一条刻度线，用以计量我们与内心世界的距离。

如果精神是集中、聚焦、内敛的，注意力落在内心世界（见图9中粗圆圈内的小人），我们就处于量表上的数字0之处。第二个小人则处于内心世界之外（圈外），解离度约为25。所谓解离特质是指注意力落在内心世界之外的注意力模式。注意力落在量表上刻度为100的位置，意味着这个人处于一种精神错乱的心理模式之中，他距离自己内心世界的遥远程度可谓"疯狂"。正如上一周所述，认知解离模式对于理性思维、逻辑思维、分析、规划和反思等能力非常重要。

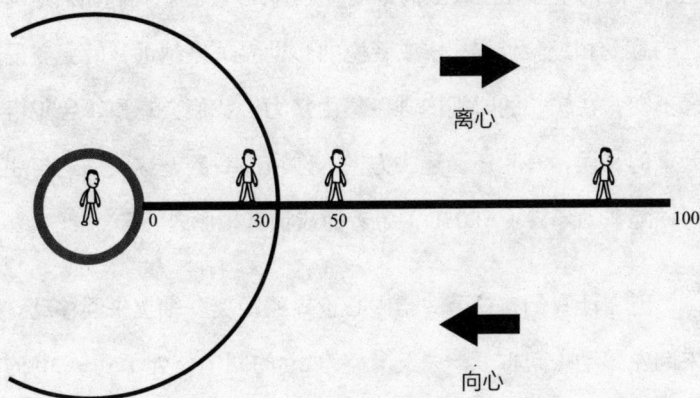

图 9：解离特质量表。数字表示注意力的关注点到内部世界的距离。
箭头代表可能的运动方向：人远离自我或内心世界，即为离心；向
内心世界靠近，即为向心。

第二个圆圈

根据我的经验，内心世界的周围还有一个活动半径，即第二个圆圈（见图 9 中半径更大一点的细圆圈）。在这个圆圈内，我们可以非常集中和有效地使用上文提及的各种能力。依经验看，这个圆圈的半径在量表上的刻度应达到 30 左右。我们如果距离自己的感受和经验世界——或者说内心世界越来越远，就会变得焦躁不安，在较长的时间内难以集中精力。我们会忘事，会犯粗心大意的错误，有时还会迷失方向。你可以看到，这些描述与注意力缺陷多动障碍（ADHD）患者的症状有相似之处。

现在让我们在这个"与内心世界的距离"轴上来回移动。如果向左移动（向心），进入半径为 30 的圈内，处于 0 ~ 30 的刻度之间，注意力缺陷多动障碍的症状可能就会消失。但有些人无法这样灵活地来回移动，他们常常会在同一个刻度上待上几个月，甚至几年，始终停留在同一个心理模式之中。换句话说，不管出于什么原因，他们已经无力调节与内心世界的距离，而被固定在半径为 30 的这个圆圈之外的某个地方。这可能会导致心理上的痛苦。

　　我们之所以开设这个为期 8 周的训练，一个重要的目的就是让你对解离特质量表有所了解。你可以通过每天问一问自己在量表上的位置来培养和深化这种意识。大多数人都能准确回答这个问题。与之相关的第二个重要问题则是：你是想继续停留在轴上的某个位置，还是想朝某个方向移动？这个问题后面还会详细讲到。

　　根据《国际疾病分类》（ICD-10）和《精神障碍诊断与统计手册》（DSM-5）的诊断描述，针对注意力落点距离内心世界长期较远的情况，心理学和精神病学词汇中均有确切定义。但在本书中，我并不想谈及解离特质量表上的精神诊断，因为这已经超出了训练的范畴，毕竟这是一本培训书，而不是心理学教科书。所以，在此仅以几组主要参数为例，让你对其大概有所了解。根据我的经验，注意力缺陷多动障碍的患者，大概处于量表上的 35 ~ 55 这一范围。

人格障碍

　　55 ~ 70 是人格障碍的范围。长期停留在这个区间中，会很难再靠近自己的内心世界。患有所谓人格障碍的人，往往已经决然地远离了自己的内心世界。他们有时甚至不敢远观自己的内心世界，不敢回顾旧时的感受，不敢回忆过去的危险经历。他们严格避免面对自我，将注意力固定于威胁性相对较小的外部世界，有时甚至只关注身边的某一个人。以这种空间概念来看，自恋型人格会从远处观望自己的内心世界，但不去接近它，以避免从身体上感受到自己的内心世界。通常情况下，自恋型人格至少能够暂时找到一个愿意站在自己身边的人，彼此维持在一个安全的距离，在相对模糊而"无痛"的情况下，认知自己的内心世界。

精神病症状

量表分值介于 70 ~ 80 时，可能会出现早期的精神病症状，表现为轻微的偏执想法、与现实脱节的感知等。分值超过 80，人的精神状态会明显伴有幻觉和妄想。正如几年前人们所假设的那样（Braun，1988；Dornbusch，2002；Ross，1996），发展中的解离过渡是很常见的：从健康的解离发展到焦虑障碍和注意力缺陷多动障碍，再到人格障碍的初发特征，然后是早期的精神病症状直至完全的精神病症状。借助这一空间模型，精神病诊断就有了与判断和评价其他疾病截然不同的特质。

现在，让我们看看在这个"与内心世界的距离"轴上，哪些因素左右了移动的方向。我们可以区分出两个方向：一个是离心方向，即背离内心世界的方向；另一个是向心方向，即朝向内心世界移动的方向。首先简单介绍一下离心因素。

背离内心世界

要阐述这个因素，即使花掉整整一章的篇幅也不足为奇。你会从后面的几个例子中看到，我们每天是如何不自觉地反复运用特定的行为来控制注意力在解离轴上的方向和位置的。通过这几个例子，我们可以了解这些影响力或温和、或强烈的因素。请在阅读的时候回想一下自己是否有过类似的经历，以及这些经历是否与此处所描述的影响相吻合。其实我们大可以将这些影响因素分成营养、生物化学、感官刺激以及行为学等方面，但是，出于实际考虑，我们没有采取这种分类方法，而是提出以下的分类方法。

日常嗜好品。尼古丁、酒精、咖啡因和黄嘌呤衍生物（茶叶）

等被社会普遍接受的日常嗜好品，会起到疏远内心世界的作用。清晨，很多人需要一杯咖啡来帮助自己把注意力从慢速的内心世界转移到更快速的、认知的外部世界。咖啡可以帮助我们将量表分值从 0 提高到 20 左右。又如在晚间的聚会上，酒精可以帮助我们克服日常的压抑、戒备心理以及不愉快的感受。我们可以就自己的私人经历侃侃而谈，或跨越别人的自我边界，而不会感到不适。正如科学研究表明，当摄入上述 4 种令人愉悦的物质时，大脑会释放出多巴胺（Garret，1997；Lichtensteiger，1982；Yoshimoto，1992；Yokogoshi，1998）。我们将在接下来的例子中看到，离心移动时，神经递质多巴胺发挥着重要的作用。当然，这些物质的效用和代谢速度可能会有所不同。例如，咖啡会比茶叶吸收得更快。

这些物质产生的效果大小、维持时间长短及见效快慢也有所不同。例如，通常需要喝上好几杯咖啡才能让分值从 0 上升到 50，但区区几克可卡因就能实现从 0 到 80 的飞跃。有些嗜好品的功效可以说是双向的。例如，有的人只要一杯咖啡就会产生离心效应，量表分值达到 10 ~ 20，两杯就会让分值直接飙升到 35；而有的人晚上喝浓咖啡反而会睡得更好，咖啡对他们而言可能发挥了向心作用。同样，安非他明和利他林作为治疗注意力缺陷多动障碍的药物具有向心作用，却可能激活一个健康大学生的离心运动（背离内心世界）。音乐等感官刺激也会影响到注意力，音量、节拍、听觉暴露的时间都会发挥作用。例如在一个舞会上，大多数参与者没过多久就会出现"忘我"状态。周遭的声音越大，人就越难在分值为 30 的半径内停留。音乐种类不同，对人的影响也会有很大不同，例如演奏打击乐器就可能与演奏迪吉里杜管的效果不一样。行动或思考的加速、注意力的快速转移（如多任务处理），也会引发离心运动。成瘾也是由多巴胺的释放增加而引发的，会激活大脑中的奖赏中枢（伏隔核）。这意味着，成瘾行为也是一种背离自我的行为。

线上世界。即使是轻轻一"激"，也会导致多巴胺的释放，进而激活奖赏中枢。不仅电脑游戏中特别设计的"打怪升级"是在有意识地引发刺激，发短信、"点赞"、加好友、评论其他人在朋友圈发布的照片等，都会导致解离量表向右滑动幅度的变化。正如曼弗雷德·斯皮策在《数字痴呆》（*Digitale Dementie*）一书中所描述的那样，不断增加的注意力缺陷多动障碍患者，无论年轻还是年长，其病因往往是在家庭中酝酿的（Spitzer，2012）。

你可以数一数，每天在无意识的多巴胺刺激下给了自己多少次奖赏。算上你在网络上联系过的所有人（除了必要的工作邮件或网络搜索），算上每一次闲来无事翻看手机、搜索购物网站、访问微博、发送微信。你的注意力每隔多久就会被手机噪声、闪光灯、电脑屏幕上的弹窗分散一下？同时也要统计出你摄入的咖啡、红茶、可乐、啤酒、能量饮料、香烟、甜食。你能否把多巴胺被刺激的次数减少到每天 10 ~ 15 次？如果这对你来说很困难，甚至觉得根本无法完成，这可能已经是"多巴胺成瘾"的迹象了（Blaser，2017）。

通往内心世界之路

幸运的是，我们有足够的方法可以对抗自我疏离，不仅可以减少离心因素，还可以积极发挥向心因素的作用。你可能已经明白，所有增强心智的活动，如冥想、正念减压疗法、太极拳、气功、瑜伽、自生训练[①]等，都能有效地帮助你回归自我。此外，这些方法还可以延长你在内心世界停驻的时间。另外，从事那些需要保持注意力集中的手工任务，如园艺、绘画、熨烫、木工、

---

① 自生训练是指练习者按照自己意愿，使自身产生某种生理变化的一种训练，又译自律训练。——编者注

陶艺、烹饪，当然还有用心吃饭，会使你向着内心世界的方向运动，进入内心世界。换句话说，要用单任务代替多任务作业。体验自然，倾听鸟鸣，观赏日落，感受风吹在皮肤上——这些都有类似的向心作用（Blaser，2017）。有意识地呼吸，触摸自己的身体，享受温暖的沐浴，甚至唱歌，也能帮助我们找到自我。尤为重要的是，要放慢脚步，静下心来，才能更接近自我。

运动也可以达到"双向"的效果。几项科学研究已经令人信服地表明，慢跑具有抗抑郁的作用（Ledwidce，1980）。它能帮助我们结束内心世界的某一部分被长期"卡住"的状态，重新来到外部世界。但在健身房（比如在跑步机上）运动，或者借助跑步应用程序来慢跑，每一步、每一段距离和脉搏都会被测量，并被传达给跑步者，事实上根本无法达到"回归自我"的效果。慢跑时听音乐也容易分散注意力，而不是让我们在身体层面更加关注自己。

我们可以很容易地继续这样列举下去。但重要的是，你要依靠自己找出哪些活动对你的注意力产生了什么样的影响。你可以一次给自己列两个清单，一个用于收集自己的例子，另一个用于总结经验（见附录 1）。

音频练习 7– 准备

　　你一定注意到了，本书所附的音频练习只有 6 个，而不是 7 个或 8 个。这就意味着第 7 周并没有新的练习。现在，你已经接近为期 8 周的自我边界强化训练的尾声，终于可以问问自己，训练结束后你应该怎么做。在第 7 周，你可以根据自己的心情，每天选择适合当下的音频练习。留意一下，你选择的标准是什么。对你而言，是练习的时长重要，还是练习时注意力的位置重要，或者你更喜欢"由内向内"看而不是"由外向内"看？有没有一个练习对当下的你特别有益或者给了你力量？还是你想专门练习并进一步巩固某种心理模式？是不是有的练习练起来比较费神，需要更多的注意力，而有的练习则比较轻松简单？你可以让认知推理来指导你的选择，也可以根据直觉来决定。继续试着每天做一次练习，一周 7 天可以做 7 次相同的练习，也可以每天更换不同的练习。当然，如果你和你的伴侣同时开始训练，并且都已经做到了第 7 周，也可以互换彼此的选择。

99
日记练习 7- 准备

作业： 尝试每天多次确定自己在解离量表上的位置。

　　我已经多次指出，注意力的位置没有好坏之分。和自己在一起，沉浸在内心世界，并非比处于离开自我的认知模式更好。重要的是保持灵活性，在任何时刻都能在空间中自由移动。这在解离模式下同样适用。但必须注意的是，我们越是远离自己的内心世界，就越是难以快速回归自我。注意力的关注位置离我们越远，这种精神状态就越难以忍受。

　　在 1 ~ 30 的分值区间内，我们可以停留几个小时，也可以长时间保持高度集中。但如果一连几天都处在 30 ~ 50 的区间内，精神就会感到相当疲惫和乏味。吸毒者在吸食毒品后，分值会即刻飙升到 80 ~ 100，可能就回不到内心世界了，这会造成严重的后果，甚至诱发精神疾病。

　　在第 7 周的日记练习中，你将借助解离量表上的注意力关注位置来训练自我感知能力。在完成量表分值评估时，问问自己是否想留在那个位置，有没有察觉到自己有移动的愿望。你可能会发现一些根深蒂固的旧模式，并能有意识地改变这些由来已久的动机。你将掌握这个工具，根据自己的愿望有意识地控制认知模式。这种能力会让你在很多情况下变得更加强大。愿你的精神能够移动自如。

个人笔记：

作业： 尝试每天多次确定自己在解离量表上的位置。

	情境描述 （用关键词描述）	估计一下你的 量表分值。	为什么得出这个 估值？
第1天			
第2天			
第3天			
第4天			
第5天			
第6天			
第7天			

有哪些离心或向心因素导致你这样估值？	估值完成后，你是否希望朝某个方向移动？如果是，你希望去哪个方向？	你是如何做的？

第 8 周

拜访他人的花园

在过去的几周里，你可能比以往任何时候都更密集地在跟自我边界打交道。在练习的过程中，你已经注意到，你面对外部世界划定自我边界的行为释放出了你或你的内心世界与外部环境之间的种种张力。没有外部世界，也就没有内心世界；没有你，也就不存在我。很明显，对自我边界的交互作用进行深入研究，就不得不引入人际视角。我们想借助两个练习，让你对这种人际间的自我边界的交互作用有更为生动的体验。你可以选择一位同伴，但不让他知道你是在做练习，以确保在他没有明确反馈的情况下进行实验。这样你就可以根据他的反应来判断这个练习对于身边人的影响。你很可能会喜欢这种有意识的交流方式。当然，你也可以将练习事宜告知同伴，在练习的过程中互相交流。

　　在瑞士巴塞尔以及德国和荷兰的一些地方，这个为期8周的培训是以两人一组的方式进行的。两个练习的流程相似，都能使人与人之间的关系变得平和。

过滤器练习 1

回顾过去几天（但不要超过两周），是否有一个时刻或某种情况，让你感到疲惫、恼火、失望、沮丧，甚至暴怒。练习时，选择一个相对来说不那么严重的情境，既没有让你感到非常痛苦和艰难，也不是特别戏剧化。

选定情境后，回答以下几个简单的问题：在这个情境中，我在哪里？在哪个空间里？是否有其他人跟我在同一个空间，在我的附近？事情发生在早上、中午还是晚上？光线是什么样的，亮还是暗？是否有声音，如人声、音乐声、交通噪声、鸟叫等？当时气温如何？我有没有感觉到阳光照射在皮肤上、风吹在头发上？有没有什么气味，如食物、咖啡、鲜花或雨水的气味？你可以用所有的感官唤起这个情境，让与此相关的感受在身体中被一一激活。

然后，尝试向你选择的同伴描述这个情境，但与这个情境相关的画面、感受和经验还是被关在你的内心世界里。你在跟同伴讲述这段经历的时候，封闭了自我边界的那层过滤器，关上了与外界相通的大门，把不愉快的感受和画面留在内心之中。你的注意力停留在内心世界，而对方待在外面，要么居于人际间的空间，要么也将注意力集中在了自己的内心世界。对于你和你所封闭的过滤器而言，这无关紧要。

在讲述过程中或讲述结束后，问自己以下问题：当我讲述一段不愉快的经历，并抱着把所有事情都藏在心里的态度时，我的感觉如何？这会让我更强大还是更软弱？我一直都是这样做的吗？还是说，这种做法对我来说是新鲜、陌生的？当我反锁着"心门"来讲述经历，不让对方进"门"时，有没有其他更好的方法？我这样做的时候，我的声音、语速、手势和面部表情是怎样的？在说话的同时，我的身体感觉是否同步？我是否感知到了不舒服的感觉？如果在讲故事的时候承认自己存在这种不愉快的感受，会怎么样？大多数时候，当我们无法接纳不愉快的感受时，就会想要摆脱这种感觉，于是打开"门"，将自己的感受由内向外过滤并表达出来，以摆脱它们，将它们外化。

如果你的同伴也是在做本训练的人，也可以试着让对方回答以下问题：你的感觉如何？你敢打开自我边界吗？听完后，你有没有什么不舒服的感觉沉积在身上？倾听容易，但你能对我的讲述感同身受吗？关于我讲的这件事，你是否还想提出一些补充性的问题？这又说明了什么问题？

如果你是在同伴不知情的情况下做这个练习的，只是想自己试一试，你是否发现情况有所不同？例如，跟家人共进晚餐的时候，你讲起一次不幸的遭遇，同时将自内而外的过滤器关闭。你的伴侣和孩子会有什么反应？你是否发现了什么异常？

一般来说，大多数人都低估了自己花园大门打开的频率，我们内心的不悦、不安、压抑、负担从"门里"到了"门外"，不仅伤害了身边的人，污染了情感意义上的周边环境，也会使我们自己变得软弱。

﹙﹙﹙
过滤器练习 2

　　第二个过滤器练习与第一个在形式上完全相同。不同的是，现在你选择的是过去几天里的一段美丽、温暖、有趣、感人、有力量的经历。试着与具体的环境联系起来，比如地点、声音、气味以及与之相关的身体感觉。与之前不同的是，在第二个练习中，你要以一种不同的方式打开过滤器：将强大的、支持性的、培养性的经验、感受和画面传递给同伴。你不会只把强大的东西留给自己，而是可以通过将注意力转移到外部世界，将这份力量也一同带给他人。

　　之后，试着回答以下问题：这次你有意识地给对方一些现实中的（而非想象中的）、有力的、有养分的东西，感觉如何？你的声音是旋律优美、洪亮而又活泼的吗？你的手势和面部表情如何？你原本是否并不确定这是正确的礼物？根据你和这个人的关系，这份礼物是否合适？

　　你的同伴在倾听的时候有什么感受？他敞开了心扉吗？你有

没有注意到对方也许在担心你的"大礼包"里会有让他不舒服的东西？他把这份礼物放在哪里了？在他的内心世界中，这份礼物是否被很好地安放了？

　　如果你是在同伴不知情的情况下进行这自内而外的过滤器练习的，请关注一下对方有什么地方不一样。你的礼物"送到"了吗？对方有能力接受吗？他是如何接受的？他能够马上敞开心扉吗？还是需要你多敲几下他的"心门"？你是受到邀请进入了他的内心世界，还是在大门口送上礼物，然后就离开了？

　　遗憾的是，我们给身边的人的礼物太少了。我们的内心世界里有很多美好的东西，都可以作为礼物送出去。几乎每天我们都会经历一些美好的事情，可以打开过滤器来传递它们。这样的机会太多了。

音频练习 7- 回顾

微信扫码获取音频练习

也许在过去的一周里，你每天都在听同一个音频练习，又或者每天都换不同的练习来做。哪个练习最能促进过滤功能的优化、支持自我意识的树立、利于正念（即注意力集中）以及注意力的灵活移动？你可以做些记录，找出哪个练习以什么样的方式对你的帮助最大。

神经生物学家喜欢把大脑比作肌肉。如果想增肌，我们可以通过跑马拉松进行肌肉的专门训练。也许你在纽约、伦敦或东京参加过马拉松比赛，以为自此就可以高枕无忧了。但是，训练有素的肌肉会很快萎缩，肌肉的大小和力量又会恢复到开始训练之前的水平。神经生物学家还喜欢使用"用进废退"这种说法，意思是说，如果你不再使用神经元，神经通路（相当于神经的高速公路）就会变得杂草丛生，成为无用的乡村小路。一个人要想成为专家、演奏家、伟大的艺术家或优秀的运动员，大约需要 1 万小时的练习。如果你在维护自我边界方面技艺高超，兴许还是赢不了温布尔登网球公开赛，也拿不到奥斯卡金像奖，但你的生活会更加稳定，对人际关系会更加满意，满足感也会加强。即使训练结束，也值得为之继续努力。

这期训练结束后，请尽量维持自己所达到的水平，并争取有所精进。一次，一位有着30多年禅修经验的佛教禅师被问及自己是不是个好禅师。他坦然地回答说："我还是个小学生。"这并不是假谦虚。一个运动员经过30年的强化训练和比赛实践，或许已经能够达到甚至超越自己的巅峰成绩。但心理训练与体育训练不同。在心理训练方面，人类有着巨大的发展潜力。当你的花园篱笆变得穿透性过强时，当你再次忘记关闭花园大门时，或者当你的注意力在几周里都集中在外部世界时，现在的你可能不消多久就能察觉到这一点。这就有了本次训练的最后一项作业，也关乎你对解离量表的体验。

99
日记练习 7- 回顾

作业：尝试每天多次确定自己在解离量表上的位置。

　　我们对自己的正念心理状态是有觉知的。持正念的时候，我们与自己同在，且能够意识到自己作为肉身的存在。我们的经历和感受是相互联结的，也是有着内在定位的。内心世界就发挥着重要的定位作用。我们知道在内心世界中应当如何自处，也知道应当看向何处。如果注意力位于外部世界，外在的物体和同伴也会帮助我们在外部世界中定位。因此，我们可以把外部与内部联系起来。尽管两者都是一种空间意义上的觉知状态，但要回答"那个人距离我有多远？要靠近他，我应该朝哪个方向移动？"这样的问题，内在的觉知是不同于外在觉知的。

　　在过去的一周里，你专门就内心世界的外部空间定位做了针对性练习。你已经注意到，自己有能力做好这一点，也有能力评估自己在解离量表上的位置。有趣的是，你拥有这种能力已经很久了，但你的行为一直带有无意识的解离性质。这种无意识的行为可能是有益的，能帮你找到创造性的解决方案，成就你的生活。也许，在量表上的左右游移反而加大了你生活的难度。在你不清楚原因的情况下，这么做是否适得其反？举个例子，你多年来都能说话，也会唱歌，但之前并没有意识到这两者间的差别，也许你的耳朵无法辨别音差，声带也无法针对性地发出想要的声音。而现在，你可以根据自己的愿望和情况，有意识地在解离量表上来回移动了。

你对自己的解离量表分值有何反应？你是感到震惊、羞愧，还是觉得很自在，确信自己的注意力处于正确的位置？你在这个位置停留多久了，几分钟、几小时还是几天？你的分值波动大吗？换句话说，这些分值是否在两极之间弹性地摆动？你是否对自己的弹性或刚性感到惊讶？某些时刻，你是否有过要主动更改位置的想法？你是否经常想更靠近自我一些，或者想在某个时刻让自己外向一些，好去探索周围的事物？

如何激活向心（靠近自我）或离心（远离自我）的"运动肌肉"呢？你知道怎么做吗？你是否找到了一个固定的模式，或者发现了自己与父母的相似之处？你想去体验更多的灵感迸发还是获得更多深刻的见解？你对各种新实验充满兴致，想成为一名"注意力移动"的艺术家，还是只要在解离量表上悠闲地散散步就够了？

无论哪种方式，新的觉知都会在未来几年里为你所用。

个人笔记： ....

....

....

....

....

....

....

理论指导

共情

第三空间

到目前为止，我们已经讨论了三种注意力空间中的两种。

第一种空间就是内心世界，是我们的心灵所在。第二种空间是外部的人际空间，我们在这里处于一种认知的、解离的心理模式。现在我们来看第三种空间——身边人的内心世界。

当我们把注意力转移到他人的心理内部空间时，会发生什么呢？这种模式叫作共情。在共情模式下，我们会试着与对方产生共鸣，并问自己：换作是我会怎么做？如果处于对方的情况下，我会是什么状态？通过提出这个问题，我们就可以进入对方的内心世界，从对方的内心世界看向外部世界，或者看向他的内心世界，甚至可以通过对方的"感受镜"观看自己的内心世界（见图10；Preston，2002；Singer，2009；Blaser，2012a）。置身于他人的内心世界时，我们与对方的关系非常密切，可以感受到一种

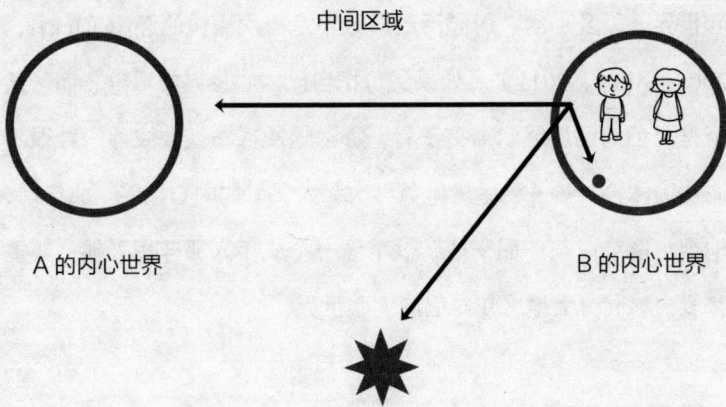

图 10：共情。A 对 B 产生共情，能够以 B 的内心世界为出发点看向自己，看
　　　向外部世界，也可以感知 B 在内心世界的感受。

近乎亲密的亲近感。这种亲近并不适合每一个人、每一种情况。它可以是零距离的，甚至可能会越界。

我们能不能共情往往取决于小时候是否被邀请进入父母的内心世界，以及那次"游园活动"是不是一次愉快的经历（Ickes，2005；Allen，2011）。如果父母把自己内心世界中艰难、痛苦甚至是可怕的经历展示给孩子看，那么这次探访就会成为一种很不愉快的体验。孩子会尽量避免再次深入父母的内心世界。成年后，他很可能难以与伴侣交往，很难像一个成年人那样用兴趣、尊重和爱去感同身受地感知伴侣的内心世界。

做客之道

在探访身边人的内心世界并产生共情的时候，我们就是客人。要想成为一位好客人，必须学会在别人的内心世界里小心翼翼，不要表现出好奇心。我们在那里不能抱有任何要求，不会批判性地表达自己的观点，也不会在内心空间里不经同意就擅自移动。

作为一个从小没有学会"做客之道"，也很少被邀请进入父母内心世界的成年人，该如何补上这一课，从而实现自我发展呢？

可以通过经常阅读长篇小说来提高自己的共情能力。在阅读时，我们会与主人公感同身受，并问自己，换了是我该怎么办？也可以经常去看电影或话剧。当我们认同主人公的表演时，也是在练习共情（Goldstein，2012）。作为读者或观影人，我们不必先敲谁的门，请求参观他的内心世界，书和电影本身就是一张邀请函。

在护理类专业或社会工作专业中，学生们经常被教导必须时刻保持同理心。正如我们所看到的，这种理想很难成真。我们只能进入与自己非常亲近之人的内心世界，比如父母、孩子、兄弟姐妹、伴侣或好朋友，但前提依然是要敲门。治疗师或心理咨询师不应该进入他人的内心世界进行探访，即使他们是被邀请甚至是被诱导进入的。帮助或支持身边人的最佳方式，就是把注意力落在自己的内心世界。也就是说，作为心理援助者，我们也要尽量待在自己的花园里。只有从自己的内心世界出发，才能用正念和爱的方式去感知他人。

父母子女之间的共情

父母对孩子的共情和成年人之间的共情是不同的。当父母访问孩子的内心世界时，他们不是去做客，而是会肩负起对孩子内心世界的主要责任。对孩子幼小的心灵花园，父母要精心照料和培育，并随着孩子的成长，教会他逐渐对自己的内心世界承担越来越多的责任。孩子面对爸爸妈妈无须讲究"待客之道"，不必请客吃饭或招待酒水，只要坦然接受他们的帮助和支持就好，甚至可以主动要求获得帮助。在很多伴侣关系中，男方或女方也希望从对方身上得到这样的待遇，认为对方就像父母一样，应该在任何时候都为自己提供帮助和支持。这样的成年人忘记了自己应当扮演主人的角色，应当把自家花园里的美味献给来访者。你不把客人当客人，对方一般不会领情，除非他已经惯性地代入了你父母的角色。

区分同情、观点采择和共情

通过吉他隐喻，我们可以很好地描述同情、观点采择和共情之间的本质区别。在同情时，我们会首先与自己的感受联结，感受到自己的琴弦与对方琴弦的共鸣。观点采择（理论论）时，我们均走在外部世界的路上，没有带着任何乐器，也无法实际感知自己或对方的琴弦。共情时，我们在对方的内心深处，没有自己的吉他陪伴，而是象征性地把手放在对方的琴弦上。典型的共情中包含一种亲近感，具有亲密的特质。由此可知，在心理治疗中，并不适合共情。这种亲近会令主人不舒服。可能平时我们的注意力极少定位在身边人的内心世界，即使有这样的情况，时间也是稍纵即逝。无论是在日常生活中，还是在心理治疗时，很多人在这方面没有找到合适的时间尺度。受访者往往成了被迫"待客"的主人，或是待客的时间超过了他们的意愿，而他们又没有能力或勇气请不速之客离开。这是需要学习的，最好在童年就开始这样的学习。

理想的伴侣关系

在本书的最后，我想补充一些关于"理想伴侣关系"的内容，作为一个小小的加演节目。培训的各项练习一再证明，空间模型非常适合用来描述良好的人际关系。通过内部空间，即"花园"的意象，我们可以清楚地看到，清晰的自我边界意识有助于形成充满正念和爱的伴侣关系。如果双方都熟悉花园这个比喻，并能用这种比喻性的语言进行交流，是最理想的。但根据我的经验，即使在伴侣不知情的情况下，你也可以通过"内心世界观"获益良多。如果伴侣愿意并能够跟随你的"内心世界观"，你们将拥有许多美好的相处时光。如果不断发生不受欢迎的"越界"情况，建立良好的自我边界保护仍然是第一要义。但这并不能保证伴侣不会再犯。片面、天真地对伴侣"敞开心扉"，将酿成一场不愉快的冒险事故。不过我现在不想写这些，只想写写对亲人的爱护。

一段平等的伴侣关系的理想前提是，男方对自己的内心世界感到满意，在自己的内心空间中感到舒适；女方也是如此，能在自己的内心世界里自由活动，注意力集中，无论在人际空间还是自己的内心花园里逗留时，都感到快乐。当然，同性伴侣也是如此。为了简单起见，我在这里仅以异性关系为例。

如果想在自己的内心世界里感到舒适，我们所设计的内心花园就必须成为自己肩上负担的好归宿，而且在园中，我们所拥有的力量必须清晰可见并能发挥作用，将外来的负担物归原主。换句话说，我们的内心世界必须经过清理，我们与父母或者前伴侣也已经达成和解。男女双方都安排好了自己的内心世界，每个人都能与自己和平共处，都不需要别人为自己的幸福负责。那么，这样一段关系就可以给双方带来增值。双方可以互相探望，让对方开心。男人可以把女人请进自己的感受世界，男人是主，女人是客。男人可能会给女人端上一份水果沙拉，是用男人自己从园中果树上摘下的果子做的，或者更具体地说，男人将和女人分享自己很久以前或者最近的一段美好经历。女人则表现得像个彬彬有礼的客人，绝不会未经允许就在房间里走来走去，也不会好奇地在私密的地方四处张望。女人不会去问男人的八卦问题。如果男人又想一个人静静地待着了，便可以直接告诉女人，而不用担心女人会觉得自己遭到了冒犯或拒绝。女人也可以随时离开，这并不会伤害男人，男人也绝不会一再强求她多留些时间。

第二天，女人邀请男人回访。或者，是因为男人想去探望女人而敲了敲她的门。女人可能会说："你想来看我，我很高兴，但现在这个时间不方便。你能不能两小时后再来？"男人尊重女人的意愿，静候回音。随后，男人再去女人的内心世界探望时，让女人感觉非常自在，还给她带来了小礼物。现在，女人是主，男人是客。在女人的内心世界里，有些地方是不会给男人看的，即使已经结婚 10 年也是一样。例如，女人不会愿意跟男人分享自己与前伴侣的性经历细节，也不会让男人进入自己的园中小屋，因为这会给男人带来压力，对女人也没有好处。女人可以有自己的秘密。那句经典的"我们之间没有秘密"，通常不是吉兆。男人应当尊重女人的感受、经验、表象和信念。他不想改变女人内心世界的任何东西，虽然他并不一定同意女人的所有观点。女人不需要为了男人而改变自己的观点，调整自己的内心世界。

你也许曾经听到过，甚至亲口说过这样的话："我被这个男人迷住了。"男人也会有类似的说法。用花园比喻来描述的话，女人这样说的意思是，她所遇到的男人的"花园"里，可能有一棵罕见的杏树。所以她关心的并不是男人的整体，而是这个局部——她是对男人的杏子感兴趣，而不是对男人本人感兴趣。很有可能，她过去曾多次尝试在自己的内心世界种下一棵杏树，但都没有成功。例如，男人的职业是画家，而女人曾经想用绘画来表达自己，却未能成功。所以，她在男人那里找到了自己一直以来想要的东西。起初，男人对女人的来访和倾慕感到高兴，但后来慢慢意识到，她并不是为自己而来，而是为自己的果实，也就是创造力而来。甚至有的伴侣认为，相处过一段时间之后，自己就可以门都不敲就进入对方的园中摘果子了。最迟到了这一步，主人必须做出必要的反应，否则他的花园就可能被完全接管。

现在我们已经离理想状态有点远了。理想的情况是，男女双方互相探访的次数和时间长短差不多。在这个空间模型中，还存在第三种空间，就是所谓的外部世界——在那里，你同样可以跟伴侣相处，一起去探索。你们可以一起做些什么，比如外出、旅游、看电影、拜访共同的朋友等。在远方世界游历或在自家附近逗留之后，你和伴侣可能想独自回到自己的内心世界，安放好自己的经历，没准以后还可以相互分享。

对陌生的经验、内心的表象、不同的感受和信念持有正念，才能产生爱。享受自己的内在成长和伴侣的共同进步，才能让爱进一步成长。正念是爱的颂歌，听起来轻盈又深刻。两个人都被爱着，并在爱中绽放。

余音

与自己相处，照顾好自己的内心空间，有一个清晰可见的、保护性的边界，能够想到对方的想法，都是有价值的。过去 8 周中所有的训练、学习和成长，都可以融入你的日常人际关系或者新关系中。

由此，边界就成了一种有意义的、珍贵的人生智慧。

个人笔记:

Allen J.G., Fonagy P., Bateman A.W. (2011), *Mentalisieren in der psychotherapeu tischen Praxis*, Klett-Cotta, Stuttgart.

Blaser N. (2018), *Grenzen en liefde, hoe gezonde innerlijke grenzen tot compassie, empathie en liefde leiden*, De Driehoek, Waarbeke.

Blaser K., Buchli-Kammermann J. (2017), 'Training to strengthen the mental self-boundary (self-boundary awareness training SBAT) results in greater mindfulness: How self-boundary awareness increases mindfulness, advances', *Social Sciences Research Journal*, 4 (1), 62-61.

Blaser K. (2015), 'No Empathy without Self-Boundaries: A New Spatial Attention Concept for Understanding Empathy', *Journal of Studies in Social Sciences* ISSN 2201-4624 Volume 12, Number 2, 2015, 219-234.

Blaser K., Zlabinger M., Hautzinger M., Hinterberger T. (2014a), 'The Relationship between mindfulness and the self-boundary: Validation of the Boundary Protection Scale-14 (BPS-14) and its correlation with the Freiburg Mindfulness Inventory (FMI)', *Journal of Educational and Developmental Psychology*, vol.4, 1, DOI: 10.5539/jedp.v4n1p155.

Blaser K., Zlabinger M., Hinterberger T. (2014b), 'Das Interpersonelle Aufmerksamkeits-Management Inventar: Ein neues Instrument zur Erfassung unterschiedlicher Selbst- und Fremdwahrnehmungs-fähigkeiten'. *Zeitschrift Forschende Komplementärmedizin*, 21, 34-41. DOI:10.1159/000358176.

Blaser K. (2014c), 'No Mindfulness without Self-Boundaries', In: *Psychology of Mindfulness* Ed. K. Murata-Soraci, p. 24-34, Nova Publishers, New York.

Blaser K. (2012a), *Aufmerksamkeit und Begegnung, Zwischenmen-schliches Aufmerksamkeitsrepertoire, Ich-Grenzen und die Kunst des Zusammenseins,* Asanger Verlag, Kröning.

Blaser K. (2012b), 'Intra- und interpersonal Mindful and Non-Mindful Mental States: Comparison of an new Spatial Attention Concept and the IAA Mindfulness Model of Shapiro', *Mindfulness*, Vol. 4 (1), 64-70, DOI 10.1007/s12671-012-0097-2.

Blaser N. (2012c), *Gevoelens komen en blijven, oefeningen in mindfulness,* De Driehoek, Rotterdam.

Blaser N. (2011), *In en om mij, grenzen stellen door systeemopstellingen,* De Driehoek, Rotterdam.

Blaser N. (2008), *Zo ben ik... en jij bent anders: duidelijke grenzen verdiepen een relatie,* De Driehoek 2008.

Braun B.G. (1988), 'The BASK model of dissociation', *Dissociation*, 1, 4-23.

Büssing A., Perrar K.M. (1992), 'Die Messung von Burnout. Untersuchung einer Deutschen Fassung des Maslach Burnout Inventory (MBI-D)'. *Diagnostica*, 38, 328-353.

Cantieni B., Hüther G., Storch M., Tschacher W. (2010), *Embodiment; Die Wechselwirkung von Körper und Psyche verstehen und nutzen*, Verlag Hans Huber, Bern.

Craig A.D. (2009), 'How do we feel – now? The anterior insula and human awareness', *Nature reviews, Neuroscience*, 10, 1, 59-70.

De Waal F. (2017), *Een tijd voor empathie: wat de natuur ons leert over een betere samenleving*, Olympus, Amsterdam.

Dornbusch K. (2002), *Amnesie und Depersonalisation bei der dissoziative Identitätsstörung*, Der andere Verlag, Tönning.

Dunbar R.I.M. (2004), *The human story: a new history of mankind's evolution*, Faber & Faber, London.

Emery N.J., Clayton N.S. (2001), 'Effects of experience and social context on prospective caching strategies by scrub jays'. *Nature*, 414, 443-446.

Emery N.J., Clayton N.S. (2004), 'The mentality of crows: convergent evolution of intelligence in corvids and apes'. *Science*, 306, 1903-1907.

Frith C.D., Frith U. (2006), 'The neural basis of mentalizing'. *Neuron*, 50, 531-534.

Fuchs T. (2000), *Psychopathologie von Leib und Raum*, Steinkopf, Darmstadt.

Fuchs T. (2008), *Das Gehirn – ein Beziehungsorgan, Eine phänomenologisch-ökologische Konzeption*, Kohlhammer, Stuttgart.

Garrett B.E., Griffiths R.R. (1997), 'The role of dopamine in the behavioral effects of caffeine in animals and humans'. *Pharmacology, Biochemistry and Behavior*, 57, 533-541.

Gendlin E.T. (1998), *Focusing-orientierte Psychotherapie. Ein Handbuch der erlebensbezogenen Methode*, J. Pfeiffer Verlag, München.

Gendlin E.T., Wiltschko J.(1999), *Focusing in der Praxis. Eine schulenübergreifende Methode für Psychotherapie im Alltag*, Pfeiffer bei Klett-Cotta, Stuttgart.

Germer C., (2012) *Mindfulness en zelfcompassie: verlos jezelf van destructieve gedachten en emoties*, Nieuwezijds, Amsterdam.

Goldstein T.R., Winner E. (2012), 'Enhancing empathy and theory of mind', *Journal of cognition and development*, 13 (1), 19-37.

Gopnik A, Wellman H. (1992), 'Why the child's theory of mind really is a theory'. *Mind Lang*; 7,145-171.

Gopnik A., Melzoff A.N. (1997), *Words, Thoughts and Theories*, MIT Press, Cambridge.

Han Byung Chul (2012), *De transparante samenleving*, Van Gennep, Amsterdam.

Hanson R. , Mendius R. (2013), *Boeddha's brein: hoe mindfulness je hersens en je leven kan veranderen,* Uitgeverij Ten Have, Utrecht.

Heidenreich T., Tuin I., Pflug B., Michal M., Michalak J. (2006), 'Mindfulnessbased cognitive therapy for persistent insomnia: a pilot study', *Psychother Psychosom.*, 75(3):188-189.

Hinterberger T., Zlabinger M., Blaser K. (2014), 'Neurophysiological correlates of various mental perspectives', *Frontiers in Human Neuroscience,* Vol. 8 Art 637, 1-16, doi: 10.3389/fnhum.2014.00637.

Hogrefe G.J., Wimmer H., Perner J. (1986), 'Ignorance versus false belief: a developmental lag in attribution of epistemic states'. *Child Dev.*, 157, 567-582.

Hölzel B.K., Carmody J., Vangel M., Congleton C., Yerramsetti S.M. (2011), 'Mindfulness practice leads to increases in regional brain gray matter density', *Psychiatry research: Neuroimaging* 191, 1, 36-43.

Husserl E. (2002), *Phänomenologie der Lebenswelt, Ausgewählte Texte II*, Reclam, Stutt gart.

Ickes W.J.A., Simpson, Orina M. (2005), 'Empathic accuracy and inaccuracy in close relationships'. In: Malle B.F., Hodges S.D. (samenstellers), *Other minds: How humans bridge the divide between self and others*, Guilford, New York, 310-332.

Kabat-Zinn J. (2003), 'Mindfulness-based interventions in context: Past, present and future. Clinical Psychology', *Science and Practice*, 10 (2), 133-156.

Kabat-Zinn J. (2005), *Gesund durch Meditation, das grosse Buch der Selbstheilung*, O.W. Barth Verlag, Frankfurt am Main.

Kabat-Zinn H.J., Wheeler E., Light T., Skillings A., Scharf M.J., Cropley T.G., Hosmer D., Bernhard J.D. (1998), 'Influence of a mindfulness meditation-based stress reduction intervention on rates of skin clearing in patients with moderate to severe psoriasis undergoing phototherapy (UVB) and photochemotherapy (PUVA)'. *Psychosom Med* 1998; 60:625-632.

Kristeller J.L., Hallett C.B. (1999), 'An exploratory study of a meditation–based intervention for binge eating disorder'. *J Health Psychol*, 4:357-368.

Ledwidce B. (1980), 'Run for your mind: Aerobic exercise as a means of alleviating anxiety and depression'. *Canadian Journal of Behaviour Science*; 12: 127.

Lichtensteiger W., Hefti F., Felix D., Huwyler T., Melamed E., Schlumpf M. (1982), 'Stimulation of nigrostriatal dopamine neurones by nicotine', *Neuropharmacology*, Vol 21, 10, 963-968.

Liessmann K. P. (2012), *Lob der Grenze, Kritik der politischen Unterscheidungskraft*, Paul Zsolnay Verlag, Wien.

Maslach, C., Jackson, S.E. (1981), *The Maslach Burnout Inventory. Research Edition.* Palo Alto, CA: Consulting Psychologists Press.

Merleau-Ponty, M. (2017), *Fenomenologie van de waarneming*, Boom, Amsterdam.

Merleau-Ponty M. (1964), *The primacy of perception*, Northwestern University Press, Evanston.

Ott U. (2010), *Meditation für Skeptiker: Ein Neurowissenschaftler erklärt den Weg zum Selbst*, O.W. Barth, München.

Preston S. D., de Waal F. B. M. (2002), 'Empathy: Its ultimate and proximate bases', *Behavioral and Brain Sciences*, 25, 1-72.

Previc F.H. (2009), *The dopaminergic mind in human evolution and history*. Cambridge: Cambridge University Press. doi:10.1017/CBO9780511581366.

Previc F.H. (2011), 'Dopamine altered consciousness and distant space with special reference to shamanic ecstasy', in: *Altering Consciousness* vol. 1, History, Culture and the Humanities, eds E. Cardona, M. Winkelman (Santa Barbara: ABC-Clio), 43-62.

Ross C.A. (1996), 'History, phenomenology and epidemiology of dissociation'. In: Michelson L.K., Ray W.J., (Eds.), *Handbook of dissociation*, Plenum, New York.

Segal Z.V., Williams J.M.G., Teasdale J.D. (2004), *Aandachtgerichte cognitieve therapie bij depressie: een nieuwe methode om terugval te voorkomen*, Nieuwer zijds, Amsterdam.

Siegel D.J. (2012), *Pocket Guide to interpersonal neurobiology: An integrative handbook of the mind*, W.W. Norton and company, New York.

Singer T., Lamm C. (2009), The social neuroscience of empathy, *Ann. N.Y.*

Acad. Sci., 1156, 81-96.

Sofsky W. (2007), *Verteidigung des Privaten*, Verlag C.H.Beck, München.

Spitzer M. (2017), *Digitale dementie: hoe wij ons verstand kapotmaken*, Olympus, Ams terdam.

Suddendorf T. (2014), *Der Unterschied, was den Mensch zum Menschen macht*, Berlin Verlag, Berlin.

Walach H., Buchheld N., Buttenmüller V., Kleinknecht N., Grossman P., & Schmidt S. (2004). 'Empirische Erfassung der Achtsamkeit – die Konstruktion des Freiburger Fragebogens zur Achtsamkeit (FFA) und weitere Validierungsstudien'. In T. Heidenreich, & J. Michalak (Ed.), *Achtsamkeit und Akzeptanz in der Psychotherapie* (727-770). Deutsche Gesellschaft für Verhaltenstherapie, Tübingen.

Williams M., Penman D. (2011), *Mindfulness: een praktische gids om rust te vinden in een hectische wereld*, Nieuwezijds, Amsterdam.

Yokogoshi H., Kobayashi M., Mochizuki M., Terashima T. (1998), 'Effect of theanine, Y-glutamylethylamide, on brain monoamines and striatal dopamine release in conscious rats'. *Neurochem Res* 23: 667-673.

Yoshimoto K., McBride W.J., Lumeng L., Li T.K. (1992), 'Alcohol stimulates the release of dopamine and serotonin in the nucleus accumbens', *Alcohol*, Vol. 9, 1, 17-22. doi.org/10.1016/0741-8329(92)90004-T.

附录 1

影响你与内心世界之间距离的行为

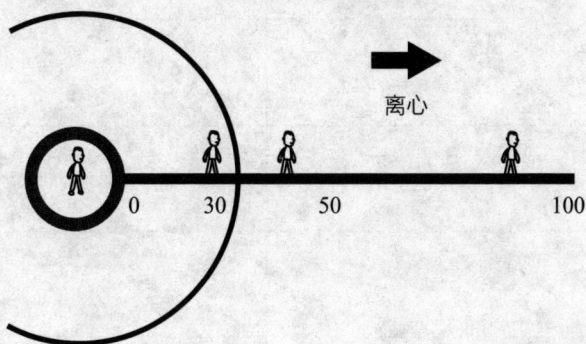

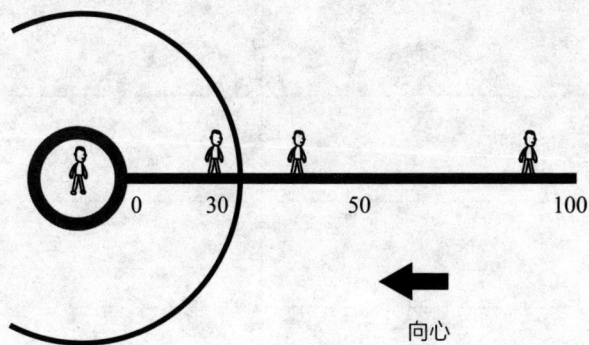

离心（远离自我）	向心（靠近自我）

附录 2

边界保护量表（BPS-14）

根据下表中每一句行为的描述来回答，该项行为在你身上发生的频率有多高。在每行中选择一种情况打勾。

	从未发生	很少发生	有时发生	经常发生	总是发生
	1	2	3	4	5
1. 为了避免冲突，我宁愿说"是"而非"不是"。					
2. 别人可以带走我的快乐。					
3. 我很容易惊慌。					
4. 我经常后悔说了太多关于自己的事。					
5. 我不想对别人说"不"，这会冒犯他们。					
6. 我可以（感觉）很好，即使其他人现在不好。					
7. 我知道什么时候该改变话题。					

续表

	从未发生	很少发生	有时发生	经常发生	总是发生
	1	2	3	4	5
8. 我能找到一个风趣的回答。					
9. 我可以不理会他人说的话。					
10. 让我从拒绝变成接受并不难。					
11. 我会回答实际上并不想回答的问题。					
12. 我接下了过多的任务。					
13. 消极的团体气氛会影响我的情绪。					
14. 我发现朋友、父母或同事之间的争吵对我是有压力的。					

再次确认自己没有漏掉任何一个问题。

打分表

问题 1、2、3、4、5、10、11、12、13、14 按照如下规则计分。

从未发生	很少发生	有时发生	经常发生	总是发生
1	2	3	4	5

得分： _____

问题 6、7、8、9 按照如下规则计分。

从未发生	很少发生	有时发生	经常发生	总是发生
5	4	3	2	1

得分： _____

将分数相加。

总分： _____

解析

分数越低，个人心理边界的保护度越高。

下表列出了不同得分在人群中所处的位置，如一个男性得分为 29，则在人群中排在分数最低的前 5%。

百分位	量表得分（BPS）	
	男性	女性
5	29	31
10	31	34
25	36	38
50	40	43
75	45	48
90	48	52
95	51.8	54

Blaser K., Zlabinger M., Hautzinger M. & Hinterberger T. (2014). The Relationship Between Mindfulness and the Mental Self-Boundary: Validation of the Boundary Protection Scale-14 (BPS-14) and Its Correlation with the Freiburg Mindfulness Inventory (FMI), *Journal of educational and developmental Psychology*, doi:10.5539/jedp.v4n1p.

致谢

我要感谢拉贾尼·埃德尔（Radjani Edel）和柯·克鲁维克（Ko Klootwijk）投入的热情和许多想法，他们为"边界工作"的发展做出了贡献。感谢杰奎琳·布赫利－卡默曼（Jacqueline Buchli-Kammermann）、诺拉·亨申（Nora Henschen）和伊莎贝拉·罗伯林（Isabelle Röbbeling），他们在启动自我边界意识强化训练之初就站在了我的身边。还要感谢参加自我边界意识强化训练的学员们，感谢他们有信心与我分享自己的经验。我从你们身上学到了很多。

关于更多培训、参考文献、巴塞尔边界意识研究中心目前的活动以及如何进修成为"边界意识培训师"等多方面信息，参见网址 www.horizologie.ch。

　　我有一个朋友。她在一个传统的北方家庭长大。童年记忆里，常常是十几口人围坐在一起吃饭。有时候是逢年过节，有时候也不是什么特殊日子。通常情况下，奶奶是这个家庭的灵魂，她指挥女儿和媳妇们下厨，和儿子女婿们聊起家族政治也是绝对的主导。饭后，奶奶和家族男性的例行节目是抽烟和麻将，唯有奶奶和家族男性可上桌——那情形类似于 20 世纪初的英国社会里男人们的吸烟室，是严肃社交的场合。女儿和媳妇们则坐在沙发上嗑瓜子、吃水果、聊八卦，我朋友和表亲的兄弟姊妹们就会玩过家家。

　　如果我对其他的事情只字不提，你们可能会以为这不过是一个无聊、无奈、无趣的中年人那温馨而又有些可怜的童年回忆罢了。可是，这画面一直是她的梦魇。因为，不管是在奶奶的聊天还是姑姑们的八卦中，她的父亲永远是被嘲讽、被打趣甚至被责骂的那一个。必须承认，父母子女之间也存在偏向和歧视，或关乎性格，或关乎财富名利。她的父亲很不幸地成为被嫌弃的那一个。但作为女儿，她必须眼睁睁地看着父亲被父母、兄妹甚至晚辈奚落，有时这份奚落甚至会波及到她。于是，即便眼泪每每在眼眶里打转，为了不被人瞧不起，她也会加入打趣父亲的队伍中去，甚至说出更残酷的话，仿佛这样即可自证清白，回避矛盾和争端，讨得姑姑叔叔和表哥表姐们的一致好评。一个小孩是什么时候长大的？可能就是当他在笑的同时偷偷哭泣的时候。

一晃人生已经走过快 40 个年头。我朋友也算是学业有成、事业有为、家庭稳定。可是，那个家庭聚会的画面依然会时不时地钻进脑子里。当她和同事们用心完成一个企划，上呈到上司手中，却被上司不分青红皂白地一股脑儿批了一顿的时候，她明明想为自己的团队申辩，却本能地在第一时间做了"检讨"；当她跟某个朋友约会，而朋友永远从头到尾都在讲自己却忽略她的感受的时候，她明明可以拒绝朋友的下一次邀约，但到头来为了维持友谊还是勉强赴约；当她的父母婚姻遇到危机，把解决危机的责任以及危机当中的负面情绪毫不吝啬地转嫁于她时，她甚至没有想过这并非她的义务……

边界是一个她害怕表达的东西，因为她害怕由于划清边界而变得孤独。然而，模糊的边界带来的是似是而非的亲情、友情和爱情。她发现，看似光鲜乐天的自己在心底如同小丑，自怜而又自卑。等她解决完不属于自己的问题、完成别人的任务清单之后，非但没有满足感，反而只有深深的失落和孤独。

朋友的故事让我进一步意识到，在世界各地，都有人踽踽独行，行走在人迹罕至的心灵之路，默默走了很远的距离，艰难等待心智成熟的一刻。这位朋友后来也做过心理咨询，可是国内心理咨询界良莠不齐，心理医生的能力和他们持有的证书往往并无关系，而她也尚不能面对咨询师真正打开自己。后来这本书出现在了我的视野——一本看上去特别像是高中实验练习手册的小书，通过8周的训练，开启新的课题（划清边界），习得新的语言（边界意识），融入新的情境（我的花园）。我的第一个想法是，要把这本书翻译出来，送给她。

所以当若菡找我翻译这本书的时候，我看完内容简介便没有任何犹豫地答应了，交稿也基本在预定期限之内。救人如救己，事不宜迟。在我们的现实生活中，遭遇"越界"问题的人比比皆是。是隐瞒真相、保持"和平"，还是迎接挑战、勇敢说"不"？什么样的爱带来伤害，什么样的恨能帮助成长？这本书第一次说出了人们从来不敢对家人、友人和爱人说的话，提醒了人们从来不屑于深刻自省的事。这就是：几乎人人都曾遇到过边界危机，有的在"越界"，有的被"越界"，只不过程度不同而已。如果不好好处理这些小小的危机，你生命的堤坝便可能会如千里之堤溃于蚁穴。因此，只有勇敢地面对自己的边界问题，修复并维持自我边界的良好运作，我们才能够保护和接纳自我。

这本书不只是一次简单的知识"投喂"。希望每一个打开书本的人，都如同当年那个期待着做一场物理或者化学实验的高中生一样，做好每一次热身练习，尽可能找到志同道合的伙伴（可以是朋友、家人或伴侣），用心投入每一场训练，认真做好每一次课后小结，并与你的伙伴一起完成课后回顾和日记练习。相信我，划清边界不仅意味着保护你免受伤害，适当邀请你信任的、你爱的人到你的"花园"做客，还将让你收获更多温暖、美好的爱，被更广阔的天地所拥抱。

让我们勇敢前行。

最后，希望那个朋友，可以常常被你们记起。

宋娥 | 2021 年 6 月 14 日

中文简体字版专有权属东方出版社
著作权合同登记号 图字：01–2021–2524号

图书在版编目（CIP）数据

建立边界感 / (瑞士) 尼克·布莱泽 (Nick Blaser) 著；宋娅译.
-- 北京：东方出版社，2021.7

书名原文：GRENZEN STELLEN MET COMPASSIE

ISBN 978-7-5207-2242-1

Ⅰ.①建… Ⅱ.①尼… ②宋… Ⅲ.①心理学—通俗读物 Ⅳ.①B84-49

中国版本图书馆CIP数据核字（2021）第109760号

建立边界感
（JIANLI BIANJIEGAN）

作　　者：〔瑞士〕尼克·布莱泽（Nick Blaser）
译　　者：宋　娅
策　　划：王若菡
责任编辑：王若菡
封面设计：董茹嘉
出　　版：东方出版社
发　　行：人民东方出版传媒有限公司
地　　址：北京市西城区北三环中路6号
邮　　编：100120
印　　刷：三河市金泰源印务有限公司
版　　次：2021年7月第1版
印　　次：2021年7月第1次印刷
开　　本：880毫米×1230毫米　1/32
印　　张：7.5
字　　数：132千字
书　　号：ISBN 978-7-5207-2242-1
定　　价：59.80元
发行电话：（010）85924663　85924644　85924641
